맥스웰이 들려주는 전기 자기 이야기

맥스웰이 들려주는 전기 자기 이야기

초　판　1쇄 발행일 | 2005년 5월 4일
개정판　1쇄 발행일 | 2010년 9월 1일
개정판 18쇄 발행일 | 2021년 5월 28일

지은이 | 정완상
펴낸이 | 정은영
펴낸곳 | (주)자음과모음

출판등록 | 2001년 11월 28일 제2001-000259호
주　　　소 | 04047 서울시 마포구 양화로6길 49
전　　　화 | 편집부 (02)324-2347, 경영지원부 (02)325-6047
팩　　　스 | 편집부 (02)324-2348, 경영지원부 (02)2648-1311
e-mail　| jamoteen@jamobook.com

ISBN 978-89-544-2013-6 (44400)

맥스웰이 들려주는

전기 자기
이야기

| 정완상 지음 |

주 자음과모음

맥스웰을 꿈꾸는 청소년들을 위한 '전기 자기' 과학 혁명

19세기 후반 전기와 자기에 대한 많은 실험들은 맥스웰의 아름다운 수학에 의해 4개의 방정식으로 완벽하게 정리되었습니다. 맥스웰은 전기는 자기를, 자기는 전기를 만들어 낸다는 것을 수학적으로 알아냈습니다. 이것은 서로 다른 힘으로 알려져 있던 전기력과 자기력이 같은 근원의 힘이라는 것을 말해 줍니다. 이 책은 전기와 자기에 대한 모든 결과를 친절하게 설명하고 있습니다.

저는 KAIST에서 물리학을 심도 있게 공부하고 대학에서 전기와 자기에 대해 강의했던 내용을 토대로 이 책을 썼습니다.

이 책은 맥스웰 교수가 한국에 와서 우리 청소년들에게 9일 간의 수업을 통해 전기와 자기에 대한 모든 성질을 알 수 있게 하는 것으로 설정되어 있습니다. 맥스웰 교수는 참석한 청소년들에게 질문을 하며 일상 속의 간단한 실험을 통해 전기와 자기의 성질을 가르치고 있습니다.

물론 이 내용은 약간의 수식으로 이루어져 있어 청소년들에게는 조금은 어려운 내용일 것입니다. 하지만 많은 청소년들이 주변에서 여러 가지 전기와 자기를 이용한 기구를 보게 되는 만큼 이들 전기 기구의 원리를 옳게 분석하는 것이 나쁘지 않다고 생각합니다.

청소년들이 쉽게 맥스웰의 전기 자기 이론을 이해하여 한국에서도 언젠가는 훌륭한 물리학자가 나오기를 간절히 바랍니다.

이 책을 출간할 수 있도록 배려하고 격려해 준 강병철 사장님과 예쁜 책이 될 수 있도록 수고해 주신 출판사의 모든 식구들에게 감사드립니다.

정 완 상

차례

전기는 왜 생길까요?

건조한 겨울날에 털옷을 입고
자동차 문을 열면 찌릿찌릿 정전기를 느끼죠?
정전기에 대해 알아봅시다.

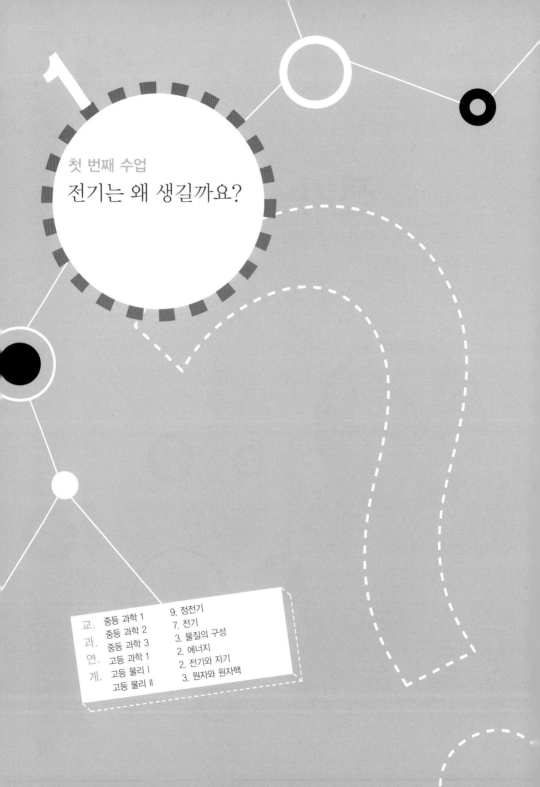

1

첫 번째 수업

전기는 왜 생길까요?

맥스웰이 밖에서 학생들을 만나
첫 번째 수업을 시작했다.

오늘은 먼저 정전기에 대해 알아보겠습니다.

맥스웰은 학생들에게 털옷을 입히고 차에 태웠다. 그리고 차가 별로 없는 도로를 빠르게 질주한 다음에 멈췄다. 그리고 학생들에게 차에서 내리라고 했다. 학생들은 찌릿찌릿 정전기를 느꼈다.

정전기가 생겼지요? 이것은 달리는 자동차의 타이어가 바닥과 마찰을 일으키면서 전기를 만들기 때문이지요. 이렇게 두 물체가 마찰하면 전기를 띠게 되는데, 이것을 정전기 또

는 마찰 전기라고 합니다.

왜 정전기라고 할까요? 그것은 마찰에 의해 모인 전기가 움직이지 않고 한곳에 정지해 있기 때문이지요.

서로 다른 두 물체를 마찰시키면 두 물체 모두 찌릿찌릿하며 전기가 생기는데, 이런 현상을 대전이라고 하고 전기를 띠게 된 물체를 대전체라고 합니다.

전기에는 두 종류가 있습니다. 하나는 양(+)의 전기이고, 다른 하나는 음(−)의 전기입니다. 물체와 물체가 마찰하면 둘 중 하나는 (+)전기를 띠고, 다른 하나는 (−)전기를 띠게 됩니다.

물체가 전기를 띠는 이유

왜 서로 다른 물체를 마찰시키면 전기가 생길까요?

모든 물질은 원자로 되어 있습니다. 원자는 오른쪽과 같이 생겼지요. 가운데에 원자핵이 있고, 그 주위에 (−)전기를 띤 전자가 돌고 있습니다. 원자핵 안에는 (+)전기를 띤 양성자가 있습니다. 전자와 양성자는 부호는 반대이지만 크기는 같은 전기를 띠고 있습니다.

원자에 따라 전자의 개수는 다르지만, 하나의 원자에서 전자의 개수와 양성자의 개수는 같습니다. 예를 들어, 가장 가벼운 원자인 수소는 양성자 1개와 전자 1개로 이루어져 있습니다.

수소 다음으로 가벼운 헬륨은 양성자 및 중성자 각각 2개와 전자 2개로 이루어져 있습니다. 수소나 헬륨 같은 원자는

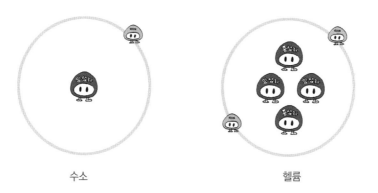

수소　　　　　　　　　　　　헬륨

아주 가벼운 원자이지만 어떤 원자는 양성자와 전자의 개수
가 많아 무겁습니다. 예를 들어, 철은 양성자의 개수와 전자
의 개수가 26개나 되지요. 그러므로 평상시 원자들은 양성자
가 가진 (+)전기와 전자가 가진 (−)전기의 양이 같아 전체적
으로 전기를 띠지 않습니다. (+3)과 (−3)의 합은 0이기 때문
이지요.

두 물체를 마찰시키면 왜 각기 서로 다른 전기를 띠게 될까
요? 그건 전자들이 이동하기 때문이에요.

맥스웰은 남학생 2명과 여학생 2명이 한 조를 이루도록 하여 두 조

를 만들었다. A조는 남학생 태호, 진우와 여학생 경아, 해경이로 구성되고 B조는 남학생 성재, 휘재와 여학생 아름, 진주로 구성되었다. 각 조는 서로 손을 잡고 마주 보고 서 있었다.

남학생을 양성자로 여학생을 전자라고 생각해 봅시다. A조와 B조를 양성자의 개수와 전자의 개수가 같은 서로 다른 두 원자로 생각해 봅시다.

맥스웰은 두 조의 주장인 태호와 성재에게 가위바위보를 시켰다. 태호가 이겼다. 그래서 진 팀인 B조의 여학생 한 명이 A조로 와야 했다. B조의 아름이가 A조로 왔다.

바로 이것이 물체가 마찰하면 전기를 띠는 이유입니다. 두 조의 가위바위보는 마찰을 뜻합니다.

B조에 있던 아름이가 A조로 갔지요? 여학생을 전자에 비유하기로 했으니까, 이때 아름이는 마찰에 의해 이동한 전자를 나타냅니다.

  아름이가 이동한 다음 두 조는 어떻게 달라졌는지 살펴봅시다.

  A조는 여학생 1명이 더 많아졌군요. 그러니까 (−)전기가 더 많아졌습니다. 그러므로 A원자는 (−)전기를 띠게 됩니다. 반대로 B조는 남학생이 1명 더 많으니까 (+)전기가 더 많아졌습니다. 그러므로 B원자는 (+)전기를 띠게 됩니다.

(−)전기를 띤다.

(+)전기를 띤다.

  이렇게 서로 다른 두 물체를 마찰시키면 두 물체 중 전자를 내놓기 더 쉬운 물질이 전자를 내놓게 되고, 그 전자가 다른 물체로 이동하지요.

  이때 전자를 내놓은 물체는 (−)전기가 줄어드니까 (+)전기를 띠고, 전자를 받은 물체는 (-)전기가 더 늘어나니까 (-)전기를 띠게 됩니다.

대전되는 순서

과학자들은 두 물체를 대전시킬 때 어느 물체가 (+)전기를 띠고, 어느 물체가 (-)전기를 띠는지를 실험을 통해 알아냈습니다. 이것을 대전열이라고 하는데, 다음과 같습니다.

(+) 털가죽 – 유리 – 명주 – 나무 – 고무 – 플라스틱 (-)

대전열에서 왼쪽에 있는 물질은 전자를 내놓기 쉬운 물질이고, 오른쪽에 있는 물질은 전자를 받기 쉬운 물질입니다. 그러니까 명주로 유리를 문지르면 유리가 전자를 내놓기 쉬우니까 유리에서 전자가 나와 명주로 이동하지요. 그래서 유리는 (+)전기를 띠고 명주는 (-)전기를 띱니다.

털가죽으로 플라스틱을 문지르는 경우와 고무로 플라스틱을 문지르는 경우 중 언제 마찰 전기가 더 많이 생길까요? 대전열을 순서대로 숫자로 나타내 봅시다.

(+) 털가죽 – 유리 – 명주 – 나무 – 고무 – 플라스틱 (–)

　　　6　　　5　　　4　　　3　　　2　　　1

　대전열에서 서로 멀리 있는 것끼리 문지를수록 전기를 더 많이 띱니다. 즉 대전열을 숫자로 나타냈을 때 그 차이가 클수록 전기를 많이 띠는 것입니다. 앞의 경우에서는 1과 2보다는 1과 6과의 차이가 더 크지요. 그러므로 털가죽으로 플라스틱을 문지를 때 더 많은 전기가 생긴다는 것을 알 수 있습니다.

과학자의 비밀노트

대전열

두 물체를 문지르면 한쪽은 (+)전기로, 다른 한쪽은 (–)전기로 대전된다. 대전의 차이는 전자를 얻으려는 힘의 차이나 전자를 버리려는 힘의 차이가 있기 때문이다. 이러한 차이는 상대적인 것이다. 다음은 일반적으로 널리 알려진 대전열이다.

(+)털가죽–상아–유리–명주–나무–솜–고무–플라스틱–에보나이트(–)

여기서 털가죽 쪽으로 갈수록 (+)전기를 띠려는 성질이 강하고, 에보나이트 쪽으로 갈수록 (–)전기를 띠려는 성질이 강하다. 만일 가장 강한 세기의 전기를 띠게 하려면, 대전열에서 서로 가장 멀리 떨어져 있는 털가죽과 에보나이트를 문지르면 된다.

히히~ 반짝반짝 열심히 닦아야….
아얏!!

놀랐잖아! 이 유리 공룡은 전기도 내나 봐 ~

그건 유리 공룡이 낸 전기가 아니라 정전기 때문이랍니다.

정전기요?

그래요. 가끔 차를 타다가 내릴 때 찌릿찌릿 정전기를 느낀 적이 있지 않나요? 그건 달리는 자동차의 타이어가 바닥과 마찰을 일으키면서 전기를 만들기 때문인데, 이것을 정전기 또는 마찰 전기라고 해요.

서로 다른 두 물체를 마찰시키면 두 물체에 전기가 생기는데 이런 현상을 대전이라고 하고, 전기를 띠게 된 물체를 대전체라고 한답니다. 그리고 그때 마찰에 의해 모인 전기가 움직이지 않기 때문에 정전기라고 부르는 거고요.

또한 전기에는 두 종류가 있는데 바로 양(+)의 전기와 음(-)의 전기예요. 물체를 마찰시키면 둘 중 하나는 양의 전기를 띠고 다른 하나는 음의 전기를 띠게 된답니다.

저기, 그럼 미혜와 살짝 닿기만 해도 찌릿찌릿한데, 정전기 때문인가요?

음… 그건 내가 설명할 수 없는 부분 같군요.

쿨롱의 법칙

같은 부호의 전기 사이에는 어떤 힘이 작용할까요?
또 다른 부호의 전기 사이에는 어떤 힘이 작용할까요?
쿨롱의 법칙에 대해 알아봅시다.

2

두 번째 수업

쿨롱의 법칙

맥스웰이, 플라스틱에 문지른
유리공 두 개를 가져와서
두 번째 수업을 시작했다.

오늘은 전기를 띤 물체들 사이에 작용하는 힘에 대해 알아
보겠습니다.

맥스웰은 플라스틱에 문지른 유리공 2개를 줄에 수직으로 매달았다.

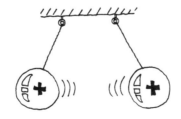

두 유리공 사이의 거리가 벌어졌죠? 이것은 두 유리공 사이에 서로 밀어내는 힘이 작용하기 때문입니다. 플라스틱에 문지른 두 유리공은 (+)전기를 띠지요. 이렇게 같은 부호의 전기 사이에는 서로 밀어내는 힘이 작용합니다.

맥스웰은 이번에는 유리공 하나는 털가죽으로 문지르고, 다른 하나는 플라스틱으로 문지른 후 줄에 매달았다.

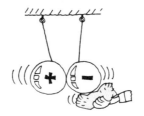

두 유리공이 달라붙지요? 그것은 두 유리공이 서로 반대 부호의 전기를 띠기 때문입니다. 털가죽으로 문지른 유리공은 털가죽의 전자들이 유리로 이동하므로 (−)전기를 띠게 되지만, 플라스틱으로 문지른 유리공은 유리 속의 전자들이 플라스틱으로 이동하므로 (+)전기를 띠지요.

이렇게 같은 물질이라도 마찰시키는 물질에 따라 다른 전기를 가질 수 있습니다. 또 반대 부호의 전기를 가진 두 물체 사이에는 서로 잡아당기는 힘이 작용합니다.

쿨롱의 법칙

전기를 띤 두 물체 사이의 힘을 전기력이라고 합니다. 그러니까 같은 부호의 전기를 띤 물체 사이에는 서로 밀어내는 전기력이 생기고, 다른 부호의 전기 사이에는 서로 당기는 전기력이 생기지요.

이번에는 전하량에 대해 알아봅시다. 물체의 무겁고 가벼운 정도를 나타낼 때 질량을 사용합니다. 질량의 단위는 물론 kg(킬로그램)입니다. 마찬가지로 전기가 많고 적음을 나타내는 양을 전하량이라고 하는데, 그 단위는 알파벳 C를 쓰고 쿨롬이라고 읽습니다.

2kg의 물체가 1kg의 물체보다 2배 무겁듯이 전하량이 2C인 물체는 전하량이 1C인 물체의 2배의 전기를 지니고 있습니다. 물체를 마찰시키면 전기가 생기는데, 마찰을 오래 할수록 물체에 생기는 전하량은 커지게 됩니다.

전기를 띤 두 물체 사이의 전기력의 크기를 처음으로 실험한 사람은 프랑스의 물리학자 쿨롱(Charles Coulomb, 1736~1806)입니다. 쿨롱은 전기를 띤 두 물체가 어느 거리만큼 떨어져 있을 때 두 물체 사이의 전기력은 두 물체의 전하량의 곱에 비례하고 떨어진 거리의 제곱에 반비례한다는 것을 알아냈습니다. 이것을 쿨롱의 법칙이라고 합니다.

쿨롱의 법칙은 전하량을 질량으로 바꾸면 만유인력의 법칙과 비슷한 모습입니다. 하지만 만유인력이 서로 당기는 힘만 있는 반면, 전기력은 당기는 힘뿐만 아니라 서로 밀어내는 힘도 존재합니다.

재미있는 정전기 실험

맥스웰은 재성이에게 털가죽으로 된 위아래 한 벌짜리 옷을 입히고 재성이의 등에 유리공을 빠른 속도로 돌리며 문질렀다. 그다음 재성이에게 쇠막대의 한쪽 끝을 잡게 하고 민지에게는 다른 한쪽을 만지게 했다. 민지는 쇠막대를 만지려는 순간 찌지직 소리가 나며 정전기가 생겨 깜짝 놀랐다.

유리공을 빠르게 돌려 재성이의 털옷을 마찰시켰죠? 이렇게 전기를 만드는 장치를 기전기라고 하지요. 기전기 때문에 재성이에게 전기가 생겼어요.

그럼 왜 민지는 재성이에게 생긴 전기를 느낀 걸까요? 그것은 전기가 쇠막대를 통해 민지의 손으로 이동하였기 때문이지요.

맥스웰은 재성이를 다시 기전기로 마찰시키고 한 손에 나무 막대를 들게 하고 다른 한쪽 끝을 지혜에게 만지게 했다. 지혜는 전기를 전혀 느끼지 않는 표정이었다.

지혜는 전기를 못 느꼈군요. 이것은 재성이에게 생긴 전기가 나무를 통해서는 이동되지 않기 때문이지요.

이렇게 어떤 물질은 전기가 잘 통하고 어떤 물질은 전기가 잘 통하지 않는데, 금속처럼 전기가 잘 통하는 물질을 도체라 하고 나무나 돌처럼 전기가 잘 안 통하는 물질을 부도체라

합니다. 전기는 도체를 통해서는 아주 먼 곳까지 이동할 수 있습니다.

맥스웰은 풍선을 털가죽으로 문질렀다. 그리고 벽에 살며시 갖다 대었다. 풍선이 벽에 달라붙었다. 학생들은 약간 놀란 표정이었다

풍선이 왜 벽에 달라붙었을까요? 풍선과 벽 사이에 서로 당기는 힘이 작용하기 때문이지요. 그렇다면 풍선과 벽이 서로 반대 부호의 전기를 띠어야겠군요. 털가죽으로 문지른 풍선은 (−)전기를 띠게 됩니다. 이것을 벽에 가까이 가져다 대면 벽의 가장자리에 있는 전자들이 벽 속으로 밀려납니다. 그것은 (−)전기와 (−)전기가 서로 밀어내기 때문이지요.

그러면 벽의 가장자리는 전자들이 빠져나가 (+)전기를 띠게 됩니다. 그러므로 (−)전기를 띠고 있는 풍선을 전기력으로 잡아당기게 되지요. 이렇게 잡아당기면 풍선과 벽 사이

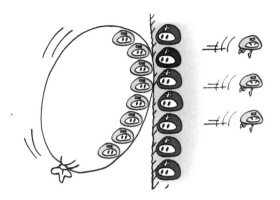

의 거리가 가까워 전기력이 커지니까 두 물체는 붙어 있게
됩니다.

하지만 마찰에 의해 생긴 전기가 영원히 물체에 남아 있지
는 않습니다. 마찰 전기에 의해 전자들이 더 많아져 (−)전기
를 띤 물체를 공기 중에 오래 놓아두면 전자들이 공기 중으로
도망쳐 나중에는 (+)전기와 (−)전기가 같아져 결국 전기를 띠
지 않게 됩니다.

그럼 이런 현상을 직접 실험해 봅시다.

맥스웰은 플라스틱 판을 털가죽으로 문지른 후, 머리가 가장 긴 미
혜의 머리 가까이로 가지고 갔다. 미혜의 머리가 위로 솟구쳐 오르
더니 플라스틱 판에 달라붙었다.

 플라스틱 판과 미혜의 머리카락 끝 부분이 서로 다른 부호
의 전기를 띠기 때문이지요.

 맥스웰은 학생들과 욕실로 가서 수도꼭지를 틀었다. 물줄기가 똑바
로 아래로 떨어졌다. 맥스웰은 털가죽으로 문지른 플라스틱 빗을
물줄기에 가까이 가져갔다.

물줄기가 빗을 향해 휘어지는군요. 이것은 빗과 물줄기가 다른 부호의 전기를 띠고 있어 서로 당기는 전기력이 작용하기 때문입니다.

전기를 띤 두 물체 사이의 힘을 전기력이라는데, 같은 부호의 전기 사이에는 서로 밀치는 전기력이 생기고 다른 부호의 전기 사이에는 서로 당기는 전기력이 생겨요.

그리고 물체의 무겁고 가벼운 정도는 질량으로 나타내고 kg(킬로그램)이라는 단위를 쓰지요? 마찬가지로 전기가 많고 적음을 나타내는 양은 전하량이라 하고, 단위는 알파벳 C(쿨롬)를 쓴답니다.

선생님, 이제 수업은 그만 하고 옛날 얘기해 주세요.

허허… 얼마나 했다고. 알았어요. 그럼 옛날이야기 하나 해 볼까요?

그러니까 뭐 그리 옛날도 아니지만 프랑스에 쿨롱이라는 물리학자가 살았어요. 쿨롱은 어느 날 실험을 하다가 놀라운 발견을 했답니다.

어? 전기를 띤 두 물체가 어느 거리만큼 떨어져 있을 때 두 물체 사이의 전기력은 두 물체의 전하량의 곱에 비례하고 떨어진 거리의 제곱에 반비례하잖아!!

바로 이때 발견한 법칙이 쿨롱의 법칙이에요.

에이~ 속았다.

3

번개는 왜 생길까요?

번개와 전기는 어떤 관계가 있을까요?
벼락으로부터 건물을 보호하는 피뢰침의 원리는 무엇일까요?

3

번개는 왜 생길까요?

맥스웰이 날씨 때문에 예정된
야외 수업을 취소하고 실내에서
세 번째 수업을 시작했다.

오늘 수업은 야외에서 진행될 예정이었지만 먹구름이 잔뜩 끼어 금방이라도 폭우가 쏟아질 것 같아 실내에서 진행되었다. 그때 갑자기 번개가 번쩍거리기 시작했다. 학생들은 깜짝 놀라 몸을 움츠렸다.

오늘은 번개에 대해 알아보겠습니다. 번개도 전기적인 현상이지요. 번개를 일으키는 구름 속에서는 물방울들과 작은 얼음 조각들이 서로 마찰을 일으킵니다. 이 마찰로 구름이 전기를 띠게 되는데, 얼음에서 전자가 나와 물방울로 이동하지요. 얼음이 물보다 가벼우므로 얼음은 위로 올라가서 (+)

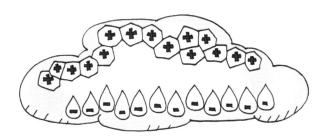

전기를 띠고, 물방울은 아래쪽으로 내려가 (−)전기를 띠게
됩니다.

　구름의 아래쪽이 (−)전기를 띠기 때문에 구름과 마주 보고
있는 땅의 표면은 (+)전기를 띠게 되지요. 둘은 서로 다른 전
기를 띠고 있기 때문에 끌어당기는 힘이 작용하지요. 이 힘
때문에 구름의 아래쪽에 있는 전자들이 땅으로 내려가는 흐
름이 바로 번개입니다.

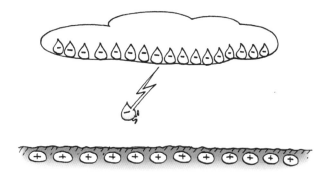

우리가 보는 번개의 불빛은 이렇게 땅으로 내려오는 전자들이 공기와 충돌하여 발생하는 빛입니다.

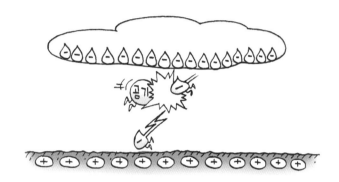

피뢰침의 원리

높은 건물에는 뾰족한 쇠막대가 꽂혀 있습니다. 이것을 피뢰침이라고 하지요.

피뢰침은 어떤 기능을 할까요? 피뢰침은 벼락으로부터 건물을 보호하는 작용을 합니다. 피뢰침은 집의 가장 높은 곳에 뾰족하게 설치된 금속 막대인데, 땅속으로 금속선이 연결되어 있습니다. 그러므로 번개가 칠 때 전자들이 피뢰침 속의 전자들을 밀어내어 피뢰침은 (+)전기를 띠게 되고, 밀려

난 전자들은 피뢰침과 연결된 금속선을 따라 이동하여 땅속
으로 들어갑니다.

이것 때문에 건물은 더 이상 전기를 띠지 않게 되므로 번개
로부터 안전할 수 있습니다.

피뢰침이 있다 해도 건물의 다른 곳에 전기가 생기지 않을
까요? 물론 다른 곳에도 전기가 생기지만 대부분의 전기는
뾰족한 곳에 생깁니다. 일반적으로 전기는 둥글둥글한 부분
보다 뾰족한 부분에 많이 생깁니다.

피뢰침은 바로 전기의 그런 성질을 이용한 장치입니다. 즉,
번개가 쳤을 때 구름에서 쏟아져 내린 전자들은 다른 지점보
다는 뾰족한 피뢰침으로 많이 몰려듭니다.

과연 뾰족한 곳에 전기가 많이 모이는지 확인해 봅시다.

맥스웰은 재성이를 기전기로 문지른 후 도르래를 통해 천장에 매달았
다. 바닥에는 색종이를 잘라 여기저기에 뿌려 놓았다. 그리고 줄을 천
천히 내렸다.

재성이의 몸에 종이들이 올라가서 달라붙지요? 재성이가
전기를 띠고 있기 때문입니다.

맥스웰은 다시 재성이를 위로 올리고 몸에 붙은 색종이를 떼어낸 후, 다시 바닥에 뿌려 놓았다. 그리고 재성이에게 바닥을 향해 손가락질을 하라 하고 줄을 천천히 내렸다.

다른 부분보다 유독 재성이의 손가락 쪽에 종이가 더 많이 달라붙었군요. 이것은 바로 뾰족한 곳이 둥글둥글한 부분보다 전기가 많이 모이기 때문입니다.

과학자의 비밀노트

피뢰침

미국의 과학자 프랭클린(Benjamin Franklin, 1706~1790)이 최초로 발명하였다. 피뢰침은 낙뢰를 막기 위하여 설치하는 뾰족한 막대기다. 돌침부, 피뢰 도선, 접지 전극의 세 부분으로 구성된다. 돌침부는 구리나 용융 아연 도금을 한 철을 사용한다. 피뢰 도선은 구리나 알루미늄을 사용하고, 접지 전극은 강판 또는 아연 도금 철판을 사용한다.

하늘이 노하셨다. 모두 정성을 다해 기도를 올려라!

번개는 하늘이 노하신 것이 아니라 전기적인 현상입니다.

전기적인 현상?!

번개를 일으키는 구름 속에서는 물방울과 작은 얼음 조각이 있어 서로 마찰을 일으킨답니다. 이 마찰로 구름이 전기를 띠게 되는데, 얼음에서 전자가 나와 물방울로 이동하므로 얼음은 구름 위로 가 (+)전기를 띠고, 물방울은 구름 아래로 내려가 (−)전기를 띠게 됩니다.

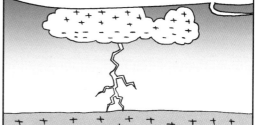

그리고 구름의 아래쪽이 (−)전기를 띠기 때문에 구름과 마주 보고 있는 땅의 표면은 (+)전기를 띠게 되지요. 그리고 둘은 서로 다른 전기를 띠고 있기 때문에 끌어당기는 힘이 작용해 구름의 아래쪽에 있는 전자들이 땅으로 내려가는데 이 흐름이 바로 번개랍니다.

우리가 보는 번개의 불빛은 이렇게 땅으로 내려오는 전자들이 공기와 충돌하여 발생하는 빛이에요.

전자들께서 화가 나셨다. 모두 정성을 다해 기도를 올려라!!

그렇다고 전자들이 화가 난 건 아니라니까요….

4

전류란 무엇일까요?

전자가 도선을 따라 흐르는 것을 전류라고 합니다.
전류를 흐르게 하는 것은 무엇일까요?

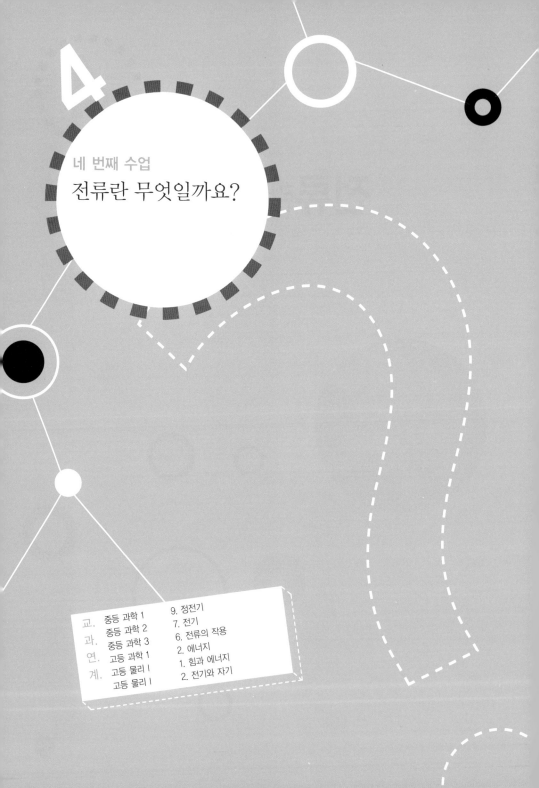

4

맥스웰이
그동안 배운 내용을 복습하며
네 번째 수업을 시작했다.

오늘은 전류에 대해 알아보겠습니다. 우리는 그동안 정전기에 대해 배웠습니다. 정전기는 마찰에 의해 만들어지며 제자리에 정지해 있는 전기라고 했습니다.

맥스웰은 해성이의 몸을 기전기로 문질러 전기가 생기게 한 후 한 손으로 쇠막대를 잡게 하고 다른 쪽 끝을 미혜에게 잡게 했다. 미혜는 전기를 느낄 수 있었다.

해성이의 전기가 쇠막대를 통해 미혜의 손으로 이동했군요.

이렇게 전기가 도체를 통해 이동해 가는 것을 전류라고 합니다. 지금 쇠막대처럼 전기가 이동하는 도체선을 도선이라고 하지요.

전류의 단위는 암페어이며, A라고 씁니다. 1C(쿨롬)의 전하량이 도선을 따라 1초 동안 지나갈 때 1A의 전류가 흐른다고 말합니다.

잠시 후 미혜는 더 이상 전기를 느끼지 못했다. 더 이상 쇠막대를 통해 흐르는 전류가 없었기 때문이다.

기전기를 통해 해성이의 몸에 전기를 만들었습니다. 그리고 쇠막대로 이동을 시켰지요. 하지만 쇠막대로 흘러 들어간 전류는 미혜의 몸을 통해 땅으로 흘러나가 버리니까 시간이 조금 지나고 나면 더 이상 전류가 흐르지 않는군요.

레이던 병

그럼 기전기를 통해 만든 전기를 좀 더 오랫동안 모을 수 있는 방법은 없을까요? 그것이 바로 레이던 병이라는 장치입니다.

맥스웰은 안쪽과 바깥쪽에 주석판을 붙인 유리병을 가져왔다. 유리병 입구를 절연체인 코르크로 막은 후, 코르크를 통해 유리병에 주석 막대를 꽂았다. 주석 막대의 위쪽 끝에는 둥그런 손잡이가 있고 주석 막대의 아래쪽에는 주석 사슬이 달려 있었다. 맥스웰은 주석 사슬을 주석판이 있는 밑바닥까지 닿게 하였다.

맥스웰은 유리 막대를 명주 헝겊으로 문질러 (+)전기를 띠게 한 후 라이던 병의 둥그런 금속 손잡이에 가져다 대었다.

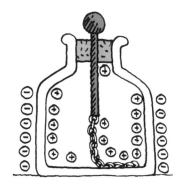

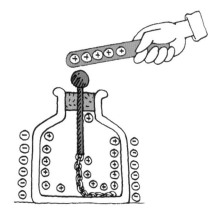

이제 과연 레이던 병에 전기가 모여 있는지 알아봅시다.

맥스웰은 레이던 병의 금속 막대와 병 바깥쪽에 붙인 주석판을 도선으로 연결했다. 순간 전기 스파크가 일어났다.

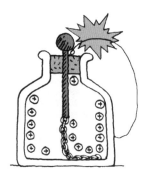

레이던 병 속에 전기가 모인 게 틀림없군요. 그럼 어떤 원리로 레이던 병에 전기가 모일까요?

이때 둥근 손잡이와 연결된 주석 막대, 그리고 그 막대와 연결되어 있는 유리병 안에 붙여 놓은 주석판은 (+)전기를 띠게 됩니다. 그리고 유리병 바깥에 붙여 놓은 주석판은 유리병 안쪽의 전기와 반대인 (−)전기를 띠게 됩니다. 그러면 안쪽의 주석판과 바깥쪽의 주석판 사이에는 서로를 당기는 힘이 작용하지요. 따라서 병 속에 생긴 (+)전기는 절대로 도망갈 수 없게 되는 것입니다.

전지의 원리

우리는 건전지를 도선에 연결하면 전류가 흐른다는 것을 알고 있습니다. 그 원리를 살펴봅시다.

맥스웰은 민혁이를 불러 혀를 길게 내밀게 한 다음 혀의 위아래에 서로 다른 금속판을 갖다 대었다. 위는 구리판이고 아래는 아연판이었다. 순간 민혁이는 혀에 전기를 느낄 수 있었다.

왜 민혁이의 혀에 전류가 흘렀을까요? 그것은 바로 서로 다른 2개의 금속판 때문입니다. 이렇게 서로 다른 금속판 사이에 전기를 통하는 물질을 넣으면 전류가 흐르게 됩니다. 민혁이의 혀는 전기를 통하기 때문에 전류가 흐르게 된 것이지요. 이때 전류를 흐르게 하는 능력을 전압이라 하며, 그 단위는 V라 쓰고 볼트라고 읽습니다.

　왜 2개의 금속판 사이에 전류가 흐를까요? 서로 다른 금속 사이에 전기를 통하는 물질을 넣으면 두 금속 중 한 금속은 (+)전기를, 다른 금속은 (−)전기를 띠게 됩니다. 우리는 구리와 아연을 사용했는데, 이때 구리는 (+)전기를 띠고 아연은 (−)전기를 띠게 되지요. 그 사이에 전기를 통하는 물질을 두면 (+)전기를 띤 구리에서 (−)전기를 띤 아연 쪽으로 전류가 흐르게 되는 것입니다. 이것이 바로 전지의 원리입니다.

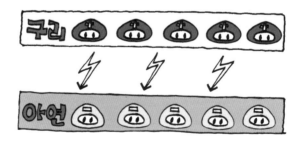

이때 두 금속판 사이에 전기를 더 잘 통하는 물질을 넣으면 더 큰 전류가 흐르게 됩니다. 이런 전지를 볼타 전지라고 하며, 다음과 같이 만듭니다.

맥스웰은 아연판과 구리판을 겹겹이 싸고 판과 판 사이에 소금물에 적신 마분지를 끼워 넣었다. 그리고 도선을 연결하여 민혁이에게 두 도선을 손으로 잡게 했다. 민혁이는 찌릿찌릿한 전기 충격으로 잡았던 도선을 놓쳤다.

소금물은 보통의 물보다 전기를 더 잘 통합니다. 그러므로 볼타 전지는 센 전류가 흐르게 할 수 있습니다. 그러니까 이 전지는 더 높은 전압을 만들 수 있습니다.

탄소 막대
(+)전기

아연통
(-)전기

앞의 볼타 전지에서 2개의 금속판 사이에 전기를 통하는
물질로 소금물에 젖은 종이를 사용했습니다. 그런데 볼타 전
지는 소금물이 말라 버리면 더 이상 전류가 흐르지 않습니다.

이 문제를 해결한 사람은 프랑스의 르클랑셰(Georges
Leclanche, 1839~1882)입니다. 그는 소금물에 젖은 종이 대신

과학자의 비밀노트

볼타(Alessandro Volta, 1745~1827)
이탈리아의 물리학자이다. 전압의 단위인 볼트는 그의 업적을 기려 이름
을 붙인 것이다. 정전 유도 현상을 이용하여 전기를 모으는 전기쟁반을
개발하고 메탄을 분리하는 데도 성공하였다. 그리고 1800년 '볼타의 열
전기더미'를 고안하여 처음으로 전지를 발명하였다.

전기가 잘 통하는 액체 상태의 염화암모늄을 사용하고, (+)전기를 띠는 탄소 막대와 (−)전기를 띠는 아연을 이용하여 지금의 건전지를 발명했습니다.

까악~
사람 살려~

크아악~

괴수가 도시를 파괴하고 있다.

여러분 걱정 마십시오. 여기 맥스웰 1호가 왔습니다. 일단 저 괴수의 발을 봐 주십시오.

괴수는 지금 철로를 밟고 있습니다. 쇠로 된 철로에 전기를 보내 괴물을 감전시킬 수 있습니다.

그리고 이렇게 전기가 도체를 통해서 이동해 가는 것을 전류하고 하고, 이 철로처럼 전기가 이동하는 도체의 선을 도선이라고 하지요.

또 전류의 단위는 암페어이며, A 라고 씁니다. 1C의 전하량이 도선을 1초 동안 지나갈 때 1A의 전류가 흐른다고 말한답니다. 이제 저 괴물을 처리하기 위해서 1억 A의 전류를 보낼 겁니다.

파지직

앗, 자… 잠깐!

그렇게 떠들 시간에 좀 보내지. 쯧쯧….

5

옴의 법칙

전기 저항이란 무엇일까요?
옴의 법칙에 대해 알아봅시다.

5

맥스웰이 간단한
전기 회로를 보여 주며
다섯 번째 수업을 시작했다.

　오늘은 아주 간단한 전기 회로에 대해 알아보겠습니다. 여
러분이 알고 있는 가장 간단한 전기 회로는 건전지와 도선과
꼬마전구로 이루어진 회로입니다.

우리가 흔히 사용하고 있는 건전지는 전압이 1.5V입니다. 그리고 전압은 전류를 흐르게 하는 능력이라고 했습니다. 그러니까 전압이 3V인 건전지를 도선에 연결하면 전류를 흐르게 하는 능력이 2배가 됩니다. 즉, 도선에 흐르는 전류의 세기가 2배가 되지요.

그러므로 다음 사실을 알 수 있습니다.

전압은 전류에 비례한다.

꼬마전구를 연결하지 않은 경우와 연결한 경우 중 언제 도선에 전류가 더 잘 흐를까요?

__ 꼬마전구를 연결하지 않았을 때입니다.

그렇다면 전구는 도선에 전류가 흐르는 것을 방해하는 역할을 하는군요. 이렇게 전류의 흐름을 방해하는 작용을 전기 저항이라고 합니다. 물론 전구도 전기 저항의 역할을 하지요.

전압과 저항에 대해 좀 더 쉽게 이해하기 위해 다음과 같은 비유를 해 봅시다.

맥스웰은 다음과 같은 장난감 도로를 만들었는데, A점에는 구슬을 비탈 위로 올려 보내는 지렛대가 있고, 비탈 위로 올라간 구슬은 비탈을 따라 내려와 바닥의 도로를 따라 다시 A점으로 돌아간 뒤 비탈 위로 올라가는 일을 반복하고 있었다.

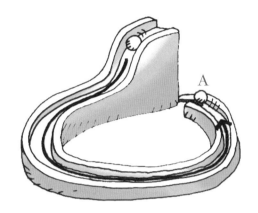

여기서 구슬의 이동을 전류라고 생각합시다. 그러니까 구슬이 빠르게 움직이면 센 전류를, 느리게 움직이면 약한 전류를 나타낸다고 하지요.

그렇다면 A점에서 구슬을 비탈 위로 올려 주는 지렛대 역할을 하는 것은 무엇일까요?

그것은 바로 건전지입니다. 구슬이 비탈 위로 올라가면 저절로 내려와 길을 따라 한 바퀴 돌 수 있듯이 건전지는 도선에 전류가 흐르게 하는 역할을 하지요. 이때 전압이 크다는 것은 구슬을 더 높은 곳으로 올려 보낼 수 있다는 것을 뜻합니다. 구슬이 더 높은 곳으로 올라가면 더 빨리 내려오겠지요. 그러니까 전압이 클수록 전류가 크다는 것을 알 수 있습니다.

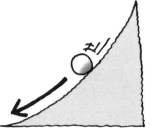

맥스웰은 장난감 도로에 못 하나를 박았다. 물론 구슬이 이 못과 부딪친다 해도 한 바퀴를 도는 데는 지장이 없었다. 하지만 못과의 충돌 때문에 구슬의 속도가 느려졌다.

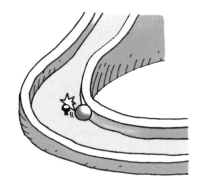

내가 장난감 도로에 박은 못이 바로 저항을 뜻합니다. 건전지에서 흘러나온 전류가 전구 같은 저항을 만나면 전류가 약해집니다. 그러므로 다음 사실을 알 수 있습니다.

전압이 일정할 때 전류는 저항과 반비례한다.

지금까지 얘기한 것을 정리하면 다음과 같이 되는데, 이것을 옴의 법칙이라고 합니다.

(전압) = (전류) × (저항)

저항의 단위는 Ω이고 옴이라고 읽습니다. 즉, 1V의 전압이 걸려 어떤 저항을 흐르는 전류가 1A이면 그 저항은 1Ω입니다.

전압을 V, 전류를 I, 저항을 R라고 쓰면 옴의 법칙은 다음과 같이 됩니다.

V = I × R

만일 1V의 전압에 저항이 2Ω인 전구가 연결되어 있으면, 1V = I × 2Ω이 되어 도선에 흐르는 전류 I는 0.5A가 됩니다. 그러니까 저항이 2배로 되면 전류는 $\frac{1}{2}$배가 됩니다.

맥스웰은 학생들을 데리고 가까운 놀이동산에 갔다. 놀이 기구는 몇 개 없었는데 종류에 따라 요금이 달랐다. 가장 비싼 것은 역시 스릴 넘치는 롤러코스터로 한 사람에 5,000원이었고, 그다음으로는 모노레일이 2,500원이었다. 남학생 2명은 롤러코스터를 타기로 했고, 나머지 4명의 여학생은 모노레일을 타기로 했다. 맥스웰은 남학생들과 여학생들에게 1만 원씩 주었다.

롤러코스터를 탄 2명의 남학생을 전자라고 합시다. 그럼 1만 원으로 2명의 전자들이 움직일 수 있지요? 이때 1만 원은 전압, 롤러코스터의 요금은 전기 저항이라고 할 수 있지요. 그러니까 움직이는 2명은 전류가 되겠지요. 즉, 다음과 같습니다.

10,000원＝2명 × 5,000원

마찬가지로 모노레일의 경우는 다음과 같습니다.

10,000원＝4명 × 2,500원

그러므로 저항이 작을수록 더 많은 전자들이 도선을 따라 돌아다닐 수 있습니다. 즉, 전류가 크겠지요.

저항이란 무엇인가요?

저항은 전자들의 흐름을 방해하는 정도를 나타냅니다. 도선을 이루는 물질들은 원자로 이루어져 있는데, 원자 속의 전자나 원자핵들이 전자들의 흐름을 방해합니다. 그러니까 도선을 이루는 물질에 따라 전자의 흐름을 방해하는 정도가 다르겠지요.

그렇다면 도선의 굵기와 단면의 넓이는 저항과 어떤 관계가 있을까요?

맥스웰은 앞에서 한 구슬 실험을 다시 했다. 하지만 이번에는 장난감 도로에 못을 나란히 3개를 박았다. 그리고 비탈에서 구슬을 굴렸다.

구슬이 3개의 못이 있는 도로에서 충돌하니까 속도가 줄어들지요?

맥스웰은 이번에는 장난감 도로에 못을 3개 더 박았다. 못이 박힌 부분의 도로 길이가 2배로 길어졌다. 그리고 비탈에서 구슬을 굴렸다.

못이 박힌 도로의 길이가 2배로 길어지니까 구슬이 훨씬 더 느려졌군요. 못이 있는 부분은 저항을 나타내지요. 그러니까 이 경우는 전보다 저항이 있는 도선의 길이가 2배로 길어진 것을 뜻합니다. 이렇게 도선의 길이가 길어질수록 저항이 커지게 됩니다.

맥스웰은 이번에는 6개의 못이 박힌 도로의 폭을 2배로 넓게 만들었다. 그리고 비탈에서 구슬을 굴렸다.

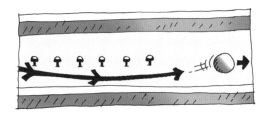

똑같이 못이 6개 박혀 있는 도로이지만 폭이 넓어지니까 구슬이 못과 덜 충돌하면서 지나갈 수 있군요. 이렇게 도선의 단면적이 넓어지면 저항의 값은 줄어들게 되지요.

그러므로 단면적이 A이고 길이가 L인 도선의 저항 R는 $R = a \times \dfrac{L}{A}$이 됩니다.

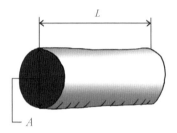

여기서 a는 비저항이라고 하는 계수로, 저항을 주는 물질의 종류에 따라 다릅니다. 백열전구의 필라멘트를 만드는 니크롬선이나 텅스텐은 비저항이 큰 물질이고, 도선을 만드는 구리선은 비저항이 작은 물질입니다.

온도와 저항

도선의 저항이 길이나 단면의 넓이와만 관계있을까요? 그렇지는 않습니다. 도선의 저항은 온도와도 관계되지요. 같은 도선이라도 뜨거울 때와 차가울 때 저항이 다릅니다. 뜨거워질수록 도선의 저항이 더 커집니다. 왜 그럴까요?

뜨거워진다는 것은 도선에 열이 공급된다는 것을 말합니다. 차가운 물체에 열을 가하면 뜨거워지지요.

열은 에너지이니까 열을 받으면 도선을 이루고 있는 전자들의 에너지가 커져 원자핵 주위를 도는 전자들의 활동 범위가 넓어집니다. 그래서 더 넓은 범위까지 전자의 흐름을 방해하니까 저항이 커지게 됩니다.

다음과 같이 비유할 수 있습니다. 축구 경기에서 상대 팀 선수가 공을 몰고 들어오니까 우리 팀 수비 선수들이 그것을 방해하기 위해 달려듭니다. 이때 공을 몰고 오는 상대 팀 선수의 움직임을 전류라고 하면 골키퍼 앞에서 수비를 하는 우리 팀 선수들은 원자핵을 도는 전자라고 할 수 있습니다.

우리 팀 수비수들이 며칠을 굶어서 거의 제자리에 서 있기조차 힘들면 상대 팀 선수는 아주 빠르게 우리 골대를 향해 공을 몰고 들어올 수 있습니다. 온도가 낮을 때 도선의 저항이 바로 이런 상황이지요.

반대로 우리 선수들의 힘이 넘쳐 정신없이 뛰어다닐 수 있으면 우리 선수들의 수비 범위가 넓어집니다. 그러면 상대편 선수에게 여러 명이 태클을 걸어 그 선수의 움직임이 느려질 것입니다. 온도가 높은 도선의 저항이 바로 이런 상황입니다. 그러니까 같은 도선이라도 온도가 높을수록 도선의 저항은 커집니다.

저항의 연결

이번에는 저항의 연결에 대해 알아봅시다. 저항을 연결하는 방법에는 직렬 연결과 병렬 연결의 두 가지 방법이 있습니다. 먼저 두 저항을 직렬로 연결해 봅시다. 가장 간단한 저항으로 꼬마전구를 이용합시다.

　이때 두 꼬마전구의 저항이 똑같이 R라고 하면 도선에 흐르는 전류는 어떻게 될까요? 같은 두 저항을 직렬로 연결한다는 것은 저항의 길이가 2배로 길어지는 것과 같은 효과를 줍니다.

　길이가 2배로 길어지면 저항이 2배로 증가합니다. 그러므로 저항이 R인 두 전구를 직렬로 연결한 것은 저항이 2R인 전구 하나를 도선에 연결한 것과 같습니다.

그러므로 옴의 법칙에 의해 저항이 2배가 되었으므로 도선에 흐르는 전류는 절반으로 줄어듭니다.

이번에는 다음과 같이 두 꼬마전구가 병렬 연결되어 있는 경우를 알아봅시다.

저항을 병렬로 연결한다는 것은 저항의 단면의 넓이가 커지는 것과 같은 효과를 줍니다. 이 경우 두 저항이 같으므로 단면의 넓이가 2배로 되지요.

단면의 넓이가 2배로 되면 저항은 절반으로 줄어듭니다. 저항이 R인 두 전구를 병렬로 연결한 것은 저항이 $\frac{R}{2}$인 전구 하나를 도선에 연결한 것과 같습니다. 그러므로 옴의 법칙에 의해 저항이 $\frac{1}{2}$배가 되었으므로 도선에 흐르는 전류는 2배로 커지게 됩니다.

우히히, 재밌다!

어때요? 장애물이 있으니 속도가 느려지죠?

이 장애물은 전기에서 저항에 비유할 수가 있습니다. 빠른 속도로 인라인스케이트를 타고 달리다 장애물을 만나면 속도가 느려지듯이 건전지에서 흘러나온 전류가 전구 같은 저항을 만나면 전류가 약해지지요.

이것으로 전압이 일정할 때 전류는 저항과 반비례한다는 것을 알 수 있습니다. 어때요? 놀랍죠?

식으로 나타내면 전압 = 전류 × 저항으로 표현할 수 있는데, 이것을 옴의 법칙이라고 합니다.

겨우 빠져나왔는데 또 장애물을… 선생님!!

이렇게 말이죠. 하하….

6

자석 이야기

자석에는 어떤 원리가 숨어 있나요?
자석이 만드는 자기장에 대해 알아봅시다.

6

여섯 번째 수업

자석 이야기

맥스웰이 막대자석을 가지고 와서
여섯 번째 수업을 시작했다.

오늘은 자석에 대해 알아보겠습니다.

맥스웰은 막대자석을 학생들에게 보여 주었다. 막대자석은 빨강과
파랑으로 구분되어 빨강 쪽에는 N이라고 쓰여 있고, 파랑 쪽에는
S라고 쓰여 있었다.

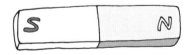

자석은 N극과 S극으로 이루어져 있습니다. 그리고 같은 극끼리는 서로를 밀어내는 힘이 작용하고, 다른 극끼리는 서로를 잡아당기는 힘이 작용합니다.

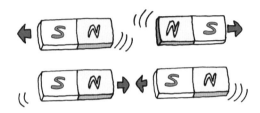

맥스웰은 파랑과 빨강으로 구분되어 있는 막대자석을 절반으로 잘라 빨간색 쪽을 손에 쥐었다.

이 자석은 N극만으로 이루어져 있을까요?

잠시 침묵이 흘렀다. 맥스웰이 빨간색 쪽의 N이라고 쓰여 있는 곳에 다른 자석의 N극을 가까이 가져다 대자 찰카닥 달라붙었다.

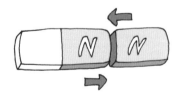

어랏! 이상하군요. 빨간색 자석이 N극만으로 이루어져 있다면 N극이 달라붙을 수가 없잖아요? 자석에서는 N극과 S극이 분리될 수 없습니다. 그러니까 자석을 자르고 또 자르고 해서 잘게 쪼갠 것도 항상 N극과 S극을 가지게 됩니다. 이것이 바로 자석의 아주 중요한 특징이지요.

자석의 모습

자석의 서로 다른 극이 달라붙는 이유는 뭘까요? 그것은 자석과 자석 사이에 자기력이라는 힘이 작용하기 때문입니다. 이 힘은 자석과 자석 사이의 거리가 멀어질수록 약해지는 성질을 가지고 있습니다.

자석과 자석 사이의 힘이 자기력이라고 했습니다. 그럼 자석이 아닌 쇠못이 자석에 달라붙는 이유는 뭘까요? 그것은 간단합니다. 자석이 쇠못을 자석으로 만들기 때문입니다. 그래서 자석이 되어 버린 쇠못이 자석에 달라붙는 것입니다. 이렇게 자석은 쇠를 자석으로 만드는 성질이 있습니다.

이 과정을 좀 더 자세히 알아봅시다.

자석을 만드는 재료는 철이나 니켈, 코발트 같은 금속입니다. 이런 금속 속에는 아주 작은 자석들로 나누어진 방이 있는데, 이것을 자기 구역이라고 합니다. 각각의 자기 구역들은 서로 다른 방향을 향하는 자석들로 되어 있습니다. 그래서 평상시에 이들 금속들은 자석이 되지 못하는 것입니다.

맥스웰은 학생 몇 명에게 화살표가 달린 모자를 씌우고 자기가 원하는 방향으로 서 있게 했다. 화살표가 제각각의 방향을 가리켰다.

각각의 학생이 철 속의 자기 구역이라고 생각하면 됩니다.

이때 화살표 방향은 하나의 자기 구역에서 자석의 N극의 방향이지요. 이렇게 자기 구역들이 제각각 다른 방향을 가리키면 학생들 전체로 구성된 철은 자석이 되지 못합니다. 이제 학생들로 이루어진 철을 자석으로 만들어 보지요.

맥스웰은 아주 커다란 화살표가 달린 모자를 쓰고 나와 학생들에게 자신과 같은 방향으로 화살표가 향하도록 서 있게 했다. 모두 맥스웰의 화살표와 같은 방향을 가리켰다.

학생들의 화살표 방향이 모두 같지요? 이렇게 철 속 각각의 자기 구역이 같은 방향을 가리키면 철은 자석이 되지요. 이처럼 자석이 아니었던 철이 자석이 되는 것을 자화라고 합니다.

그럼 무엇이 철을 자화시킬까요? 주위에 강한 자석이 있으면 철 속 자기 구역들이 그 자석의 N극이 향하는 방향과 같아지도록 배열됩니다. 그러므로 자화된 철 속 자기 구역의 작은 자석들이 같은 방향을 가리키므로 자석이 되는 것이지요.

자기장과 자기력선

이번에는 자기장에 대해 알아보겠습니다.

맥스웰은 조그만 누름못들을 뿌려 놓고 자석을 누름못에 가까이 가져갔다. 자석의 양쪽 끝에 누름못이 많이 달라붙었다.

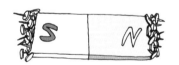

자석의 양 끝을 자기극이라고 하는데, 이 부분의 자기력이 가장 셉니다. 그래서 그곳에 누름못이 많이 달라붙는 것이지요.
이번에는 자기력선에 대해 알아봅시다.

맥스웰은 오른쪽이 N극인 막대자석과 일직선을 이루도록 나침반을 놓았다. 나침반의 N극이 모두 오른쪽 방향을 가리켰다.

자석이 있으면 주위의 나침반의 방향이 달라집니다. 이때 나침반의 N극이 향하는 방향을 연결한 선을 자기력선이라고 합니다. 자석에서 가까운 쪽의 나침반은 자석으로부터 더 큰 영향을 받는데, 이때 이곳에서의 자기장의 세기가 크다고 말합니다. 즉, 자기력선은 자석이 만드는 자기장의 방향을 나타내는 선입니다.

맥스웰은 막대자석의 주위에도 나침반을 몇 개 더 놓았다. 주위 나침반의 N극이 향하는 방향은 자석과 나란하지 않았다.

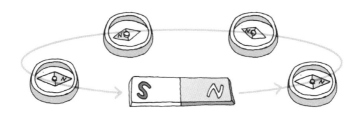

나침반의 N극 방향을 연결해 봅시다.

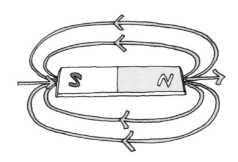

이번에는 직선이 아니라 곡선이 만들어졌군요. 자기력선은 항상 직선일 필요는 없습니다. 막대자석의 자기력선의 방향은 N극에서 나와 S극으로 들어가는 모습이라고 생각하면 됩니다. 이것이 바로 막대자석이 만드는 자기장의 방향이지요.

맥스웰은 나침반을 치우고 막대자석의 N극으로부터 가까운 곳과 조금 먼 곳에 누름못을 놓았다. 가까운 곳에 있는 누름못은 철커덕 달라붙었지만, 먼 곳에 있는 누름못은 꼼짝도 하지 않았다.

각 지점에 놓인 누름못은 N극에서 나오는 자기장의 영향을 받습니다. 그런데 왜 가까운 곳에 있는 누름못은 달라붙고 먼 곳에 있는 누름못은 달라붙지 않을까요? 그것은 자기장의 세기가 다르기 때문입니다.

자석이 만드는 자기장의 세기는 자석으로부터 멀어질수록 약해집니다. 그러니까 가까운 곳에 있는 누름못은 자기장의 세기가 큰 지점에 놓여 있으므로 큰 자기력을 받고, 먼 곳에 있는 누름못은 자기장의 세기가 작은 지점에 놓여 있으므로 약한 자기력을 받습니다. 즉, 바닥과 누름못 사이의 마찰력 때문에 움직이지 못하게 된 것이지요.

과학자의 비밀노트

자기장

자석이나 전류의 주위 또는 지구의 표면처럼 자기력이 미치는 공간이다. 자계 또는 자기마당이라고도 한다. 자기장의 방향은 나침반 자침의 N극이 가리키는 방향이다. 그리고 나침반 자침의 N극이 가리키는 방향을 이은 곡선을 자기력선이라고 한다. 자기력선은 자석의 N극에서 나와 S극을 향하는데, 닫힌곡선이다. 자기력선은 끊어지거나 서로 교차하지 않는다. 자기장의 방향은 자기력선의 접선 방향이다.

자석의 서로 다른 극이 달라붙는 이유는 자석과 자석 사이에 자기력이라는 힘이 작용하기 때문이에요. 그리고 쇠못에 자석을 가까이 해도 자석이 쇠못을 자석으로 만들어 달라붙는답니다.

쇠못이 자석이 된다고요?

?!

평상시에는 자석의 성질을 가지고 있지 않다가 자석을 가까이 했을 때 물체가 자석의 성질을 띠게 되는 걸 설명해 볼게요.

금속 속에는 아주 작은 자석들로 나누어진 자기 구역이라는 것이 있어요. 하지만 각각의 자기 구역들은 서로 다른 방향을 향하는 자석들로 되어 있기 때문에 평상시에는 자석이 되지 못한답니다.

각자 원하는 방향으로 움직여 보세요. 지금 움직이는 방향이 평상시 금속의 자기 구역에서 N극의 방향이라고 한다면, 제각각 다른 방향을 가리키는 자기 구역으로 구성되므로 자석이 되지 못한답니다.

그럼, 이제는 한 방향으로 움직여 볼까요? 방향이 모두 같아지면 여러분이 약속한 방향으로 움직일 수 있는 것처럼 금속도 자석이 될 수 있답니다.

그리고 이처럼 자석이 아니었던 금속이 자석이 되는 것을 자화라고 해요.

진짜, 재미있다!

전류가 자석을 만들어요

전류가 흐르면 주위의 나침반이 변할까요?
전류가 만드는 자기장에 대해 알아봅시다.

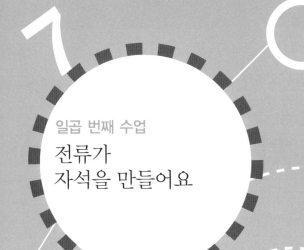

전류가
자석을 만들어요

맥스웰이 전기 회로를 꾸며 놓고
일곱 번째 수업을 시작했다.

오늘은 전류가 만드는 자기장에 대해 알아보겠습니다.

맥스웰은 전류가 위쪽으로 흐르는 도선을 세워 놓고 주위에 나침반

을 놓았다. 도선에 전류가 흐르는 순간 나침반의 방향이 바뀌었다.

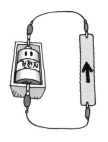

직선 도선 주위에 몇 개의 나침반을 놓은 후, 나침반의 N극이 가리키는 방향을 연결해 봅시다.

학생들은 나침반의 N극이 가리키는 방향을 연결하여 선으로 그렸다. 도선을 중심으로 하는 원이 그려졌다.

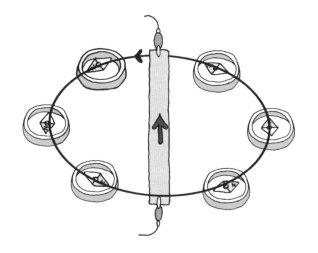

이것이 바로 전류가 흐를 때 주위에 생기는 자기장의 방향입니다. 즉, 도선에 전류가 흐를 때 주위의 자기력선은 원으로 나타납니다.

맥스웰은 전류가 아래쪽으로 흐르도록 건전지의 극을 바꾸어 연결했다. 순간 나침반의 방향이 반대로 바뀌었다.

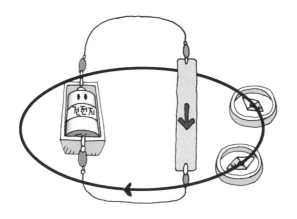

　자기장의 방향이 바뀌었군요. 전류의 방향이 바뀌었기 때문이지요.

　이것을 간단하게 기억하는 방법이 있습니다. 전류의 방향으로 오른손 엄지손가락을 세우세요. 이때 나머지 네 손가락을 감아쥐는 방향이 자기장의 방향입니다. 그러니까 전류가 흐르는 방향에 따른 자기장의 방향은 다음과 같습니다.

이때 자기장의 세기는 전류로부터의 거리가 멀어질수록 약해집니다. 또한 센 전류를 흘려보내 주면 같은 위치에서 자기장의 세기가 강해지지요.

전자석의 원리

이번에는 전기를 이용하여 자석을 만들어 봅시다.

맥스웰은 커다란 쇠못에 도선을 촘촘히 감아 건전지와 연결시켰다. 그리고 주위에 쇳조각을 놓았다. 쇳조각이 쇠못에 철커덕 달라붙었다.

어랏! 자석이 없는데도 쇳조각이 달라붙었군요. 우리가 만

든 장치가 바로 자석입니다. 이렇게 전류를 이용하여 만든
자석을 전자석이라고 합니다.

맥스웰은 똑같은 길이의 쇠못에 하나는 도선을 2번 감고 다른 하나
에는 20번을 감아 같은 전압의 건전지에 연결시켜 2개의 전자석을
만들었다. 두 전자석에서 같은 거리만큼 떨어진 곳에 작은 쇳조각
을 놓았다. 도선을 2번 감은 전자석에는 쇳조각이 달라붙지 않고,
20번 감은 전자석에는 쇳조각이 달라붙었다.

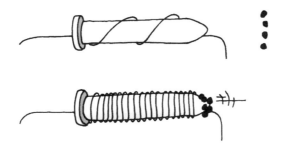

도선을 많이 감은 전자석이 더 강한 자석이 되는군요. 그러
니까 다음 사실을 알 수 있습니다.

전자석의 자기장의 세기는 같은 길이에 도선이 많이 감길수록 커
진다.

전자석

전자석은 첫째 전류가 흐르면 막대자석과 같은 성질이 있고, 둘째 전자석 주위에 철가루를 뿌리면 막대자석에 철가루를 뿌렸을 때와 같은 모양을 볼 수 있으며, 셋째 전류의 방향이 바뀌면 전자석의 극이 서로 바뀌는 특징이 있습니다. 그리고 전류가 흐를 때만 자석이 된다. 한편, 전자석은 원할 때 자석이 되도록 할 수 있으며, 자석의 극을 마음대로 바꿀 수 있고, 자석의 세기를 조절할 수 있는 편리한 점이 있다.

자, 그럼 우리가 만든 전자석이 막대자석과 어떤 공통점이 있는지 알아봅시다.

맥스웰은 전자석 주위에 나침반을 놓았다. 막대자석을 놓았을 때처럼 나침반이 오른쪽에서 나와 왼쪽으로 들어가는 방향으로 N극을 가리켰다.

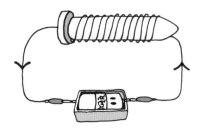

막대자석이 있을 때와 같지요? 이때 전자석의 오른쪽이 N극을, 반대쪽이 S극을 나타냅니다.

맥스웰은 건전지를 반대로 연결했다. 나침반의 방향이 반대로 바뀌었다.

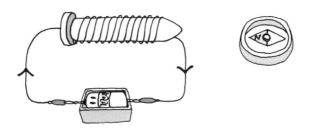

건전지를 반대로 연결하면 전류의 방향이 반대가 되지요? 이때 전자석은 왼쪽이 N극을 나타냅니다. 그러니까 막대자석을 거꾸로 놓을 때와 같아지지요.

이처럼 전자석은 전류의 방향을 바꾸어 주면 N극과 S극이 바뀝니다.

이번에는 전자석이 만들어지는 원리를 알아봅시다. 다음과 같은 전자석의 단면을 생각해 보지요.

철심에 감긴 도선만 생각해 봅시다. 위쪽은 전류가 나오고 있고 아래쪽은 전류가 들어가고 있습니다. 이때 위쪽의 나오

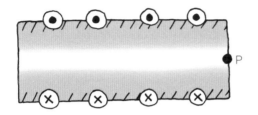

● 나오는 방향

✕ 들어가는 방향

는 전류와 아래쪽의 들어가는 전류를 직선 전류로 생각해 봅
시다. 그럼 주위에 원형의 자기장이 만들어집니다.

　그림 P점에서의 자기장은 위쪽 전류가 만드는 자기장과 아
래쪽 전류가 만드는 자기장의 합이 됩니다. 위쪽 전류는 나
오는 전류이므로 자기장의 방향은 다음과 같습니다.

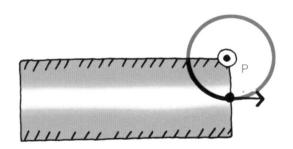

　마찬가지로 아래쪽 전류는 들어가는 방향이므로 P점에서
의 자기장의 방향은 다음과 같습니다.

　두 전류가 P점에 만드는 자기장의 방향은 오른쪽으로 같지

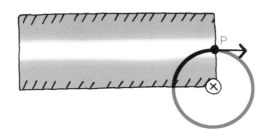

요? 그러므로 이 점에서 전자석이 만드는 자기장의 방향은 오른쪽으로 향하는 방향입니다. 이것은 막대자석의 N극에서 나오는 자기장의 방향과 일치합니다.

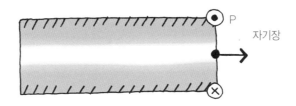

그러므로 전자석은 막대자석과 같은 방향으로 자기장을 만듭니다.

전자석이 막대자석에 비해 좋은 점이 있습니다. 막대자석은 자기장의 세기가 항상 일정합니다. 하지만 전자석은 얼마든지 자기장의 세기를 크게 할 수 있습니다. 그것은 전류가

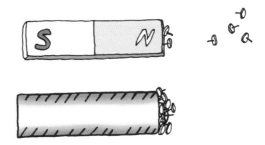

강해지면 주위의 자기장의 세기가 강해지기 때문이지요. 그
러니까 전자석에 강한 전류를 흘려보내 주면 강한 자석이 될
수 있습니다.

만화로 본문 읽기

선생님, 쇠못으로 무엇을 하시려는 거예요?

이제 마술을 하나 보여 줄게요.

쇠못에 도선을 촘촘히 감아 건전지와 연결하고, 주위에 쇳조각을 놓으면 이제 어떻게 되는지 잘 봐요.

우아! 자석이 없는데도 쇳조각이 달라붙었어요.

신기하지요? 이렇게 전류를 이용하여 만든 자석을 전자석이라고 해요.

철컥

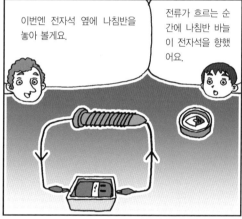

이번엔 전자석 옆에 나침반을 놓아 볼게요.

전류가 흐르는 순간에 나침반 바늘이 전자석을 향했어요.

막대자석과 같지요? 이번엔 전지의 극을 바꿔 볼게요.

나침반의 N극과 S극이 바뀌었어요.

막대자석을 거꾸로 놓았을 때와 같아지지요? 이처럼 전자석도 전류의 방향을 바꿀 수 있답니다.

전자석과 막대자석은 공통점이 많군요.

모터는 어떤 원리에 의해 돌까요?

전류가 자기장 속에서 받는 힘에 대해 알아봅시다.
모터의 원리에 대해 알아봅시다.

여덟 번째 수업

모터는 어떤 원리에
의해 돌까요?

맥스웰이
휴대용 선풍기를 가지고 와서
여덟 번째 수업을 시작했다.

맥스웰이 스위치를 올리자 선풍기의 날개가 힘차게 돌아갔다.

선풍기 속에 모터가 있다는 것은 잘 알고 있지요? 모터에
건전지를 연결하면 모터가 빙글빙글 회전하지요. 왜 모터가
회전하는지 그 원리에 대해 알아봅시다.

맥스웰은 2개의 자석 사이에 금속 막대를 놓았다. 금속 막대에 전류를 흘려보내 주자 금속 막대가 위로 올라갔다.

금속 막대가 올라갔다는 것은 위쪽 방향의 힘을 받았다는 것을 말합니다. 우리가 깡충 뛰려면 위쪽 방향으로 힘을 작용해야 하는 것과 같지요.

이렇게 전류가 흐르는 금속 막대에 자기장을 걸어 주면 금속 막대는 힘을 받습니다. 이 힘을 전자기력 또는 로렌츠 힘이라고 하지요. 이때 자기장의 방향과 전류의 방향을 화살표로 나타내 봅시다.

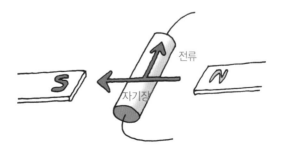

오른손 엄지손가락을 전류의 방향으로 하고 나머지 네 손가락을 자기장의 방향으로 향하게 해 보세요. 이때 손바닥이 가리키는 방향이 바로 금속 막대가 힘을 받는 방향입니다. 그러니까 금속 막대는 위로 올라가는 힘을 받지요. 그래서 금속 막대가 위로 올라가는 것입니다.

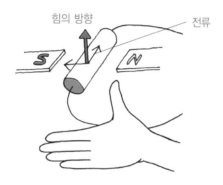

맥스웰은 두 자석을 금속 막대 쪽으로 좀 더 가까이 가지고 갔다. 그러자 금속 막대가 더 높이 올라갔다.

두 자석이 가까워지면 자기장의 세기가 더 커집니다. 그러니까 자기장의 세기가 커지면 금속 막대가 받는 자기력이 더 커진다는 것을 알 수 있습니다.

맥스웰은 두 자석을 다시 원래 위치에 놓고 금속 막대에 건전지를 더 많이 연결하여 금속 막대에 흐르는 전류를 크게 했다. 그러자 금속 막대가 더 높이 올라갔다.

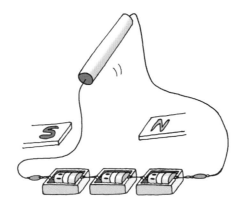

금속 막대에 더 큰 힘이 작용했지요? 그러니까 금속 막대가 받는 자기력은 전류에 비례한다는 것을 알 수 있습니다.

그러므로 전류가 흐르는 금속 막대가 자기장 속에서 받는 힘은 다음과 같이 나타낼 수 있습니다.

전자기력 = 전류 × 자기장 × 금속 막대의 길이

바로 이 힘이 모터가 회전하는 원리입니다.

모터의 원리

맥스웰은 2개의 막대자석 사이에 코일을 넣어 전류를 흘려보냈다.
그러자 코일이 막대자석 사이에서 회전했다. 학생들은 신기한 듯
바라보았다.

자석 사이에서 코일이 회전했지요? 이게 바로 모터이지요.
이때 자기장의 방향은 오른쪽입니다. 코일의 왼쪽 부분 전
류의 방향은 안으로 들어가는 방향이므로 이때 자기력의 방
향은 아래쪽이 됩니다.

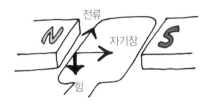

또한 코일의 오른쪽 부분 전류의 방향은 앞으로 나오는 방향이므로 자기력의 방향은 위쪽이 됩니다.

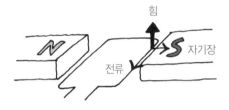

그러므로 코일의 왼쪽 부분은 아래로 내려가고 오른쪽 부분은 위로 올라가므로 코일은 시계 반대 방향으로 회전합니다. 이 원리를 이용한 것이 바로 모터이지요.

이때 강한 자석을 쓰거나 코일에 흐르는 전류의 세기를 강하게 해 주면 코일이 받는 자기력이 커지므로 코일은 더 빠르게 회전한답니다.

전자기력

자기장 속에서 전류가 받는 힘이다. 힘의 방향은 플레밍의 왼손 법칙에 따른다. 왼손의 엄지와 검지, 그리고 중지를 수직으로 하였을 때, 엄지가 힘의 방향, 검지가 자기장의 방향, 중지가 전류의 방향을 가리킨다. 자기장과 전류의 방향이 수직일수록 큰 힘을 받고, 서로 평행하면 힘의 크기는 0이다.

만화로 본문 읽기

이 헬리콥터의 프로펠러가 왜 돌아가는지 알아?

당연히 건전지를 연결했으니까 돌아가지.

더 자세히 말하면 그건 자기력 때문이야. 로렌츠 힘이라고도 하지. 넌 잘 모르겠지만 말이야.

너무 어려운데 쉽게 설명해 봐.

쉽게 설명하기 힘든데….

간단한 도구를 이용해서 선생님이 알려 줄게요

두 개의 자석 사이에 전류가 흐르는 금속 막대를 넣고 자기장을 걸어 주면 금속 막대가 위로 올라가지요. 이 힘을 자기력 또는 로렌츠 힘이라고 해요.

이때 전류의 방향에서 자기장의 방향으로 오른손을 감아쥐어 보세요. 이때 엄지손가락이 가리키는 방향이 바로 금속 막대가 받는 힘의 방향이지요.

바로 이 힘이 모터가 회전하는 원리예요. 자석 사이에 코일을 넣어 전류를 흘려 보내면 코일이 자석 사이에서 회전을 하지요.

이제 알겠지?

발전기의 원리

자기장을 이용하여 전류를 만드는 방법이 있을까요?
전자기 유도와 발전기의 원리를 알아봅시다.

9

마지막 수업

발전기의 원리

맥스웰의 마지막 수업은
발전기의 원리에 관한 내용이었다.

학생들은 마지막 수업을 아쉬워하는 표정이었다. 맥스웰 교수와의 재미있는 실험을 통해 전기와 자기에 대해 많은 것들을 알 수 있게 되었다.

오늘은 발전기의 원리에 대해 알아보겠어요. 발전이란 전기를 만드는 것을 말하지요.

맥스웰은 2개의 자석 사이에 ㄷ자 모양의 도선을 놓았다. 도선에는 꼬마전구가 연결되어 있었고, 움직일 수 있는 금속 막대가 연결되어 있었다.

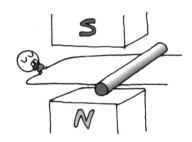

꼬마전구에 불이 들어올까요?

__ 건전지가 없으므로 들어오지 않습니다.

좋아요. 그럼 건전지 없이 꼬마전구에 불이 들어오게 하겠어요.

맥스웰은 움직이는 금속 막대를 바깥으로 잡아당겼다. 순간 꼬마전구에 불이 들어왔다. 학생들은 모두 놀라워했다.

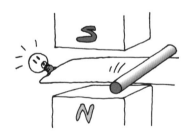

이건 마술이 아닙니다. 전자기 유도라는 물리 현상이지요.

움직이는 금속 막대를 통해 ㅁ자 모양의 닫혀진 회로가 만들어집니다. 여기에 건전지가 연결되어 있지 않으므로 전류는 흐르지 않습니다. 그럼 왜 금속 막대를 잡아당기면 전류가 흐를까요? 우선 자속이라는 용어를 알아야 합니다.

어떤 닫혀진 회로에 자기장이 지나갈 때 자기장의 세기와 회로의 넓이를 곱한 것을 자속이라고 합니다. 자속을 정의할 때 닫혀진 회로의 넓이는 자기장의 방향과 수직인 단면의 넓이를 생각해야 합니다. 다음 그림을 봅시다.

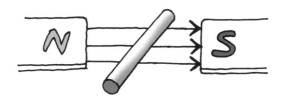

화살표는 자기장의 방향입니다. 그런데 닫혀진 회로가 기울어져 있군요. 이때 닫혀진 회로의 자속을 계산할 때에는 자기장에 수직인 단면의 넓이만 생각해야 합니다.

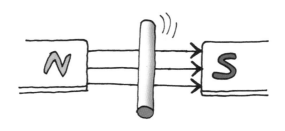

단면의 넓이가 줄어들었군요. 그러니까 닫힌 회로가 기울어져 있으면 수직으로 자기장과 만날 때보다 자속이 작아지겠지요. 수직 단면의 넓이가 줄어드니까요.

어떤 닫힌 회로에서 자속이 달라지면 닫힌 회로에 전류가 흐르게 됩니다. 이 현상을 전자기 유도라고 하지요.

조금 전 예에서 자석의 자기장은 일정합니다. 하지만 금속 막대를 잡아당기니까 자기장이 지나가는 단면의 넓이가 증가했습니다. 그러니까 자속이 커졌지요. 이때 회로에는 전류가 흐르게 되며 전류의 방향은 다음과 같이 결정됩니다.

자속이 증가하면 자기장의 방향과 반대 방향으로 청개구리 자기장이 발생하여 그 자기장이 만드는 전류의 방향으로 닫힌 회로에 전류가 흐릅니다. 지금의 경우에는 자기장의 방향이 위로 향하는데 자속이 증가했으므로 청개구리 자기장의 방향은 아래쪽이 됩니다. 그러므로 회로에 흐르는 전류의 방향은 다음 그림과 같이 시계 방향이 됩니다.

맥스웰은 금속 막대를 안쪽으로 밀어 넣었다. 그러자 꼬마전구에 불이 들어왔다.

단면의 넓이가 작아졌으므로 자속이 감소했습니다. 이렇게 자속이 감소한 경우에는 청개구리 자기장의 방향은 원래 자기장의 방향이 됩니다. 그러니까 위쪽 방향이지요. 따라서 회로에 흐르는 전류의 방향은 그림과 같이 시계 반대 방향이 되지요.

발전기의 원리

우리는 자속의 변화가 전기를 만들 수 있다는 것을 알았습니다. 발전기는 바로 이 원리를 이용하지요.

맥스웰은 두 자석 사이에 닫혀진 회로를 놓고 꼬마전구를 연결했다. 닫혀진 회로를 돌리자 꼬마전구에 불이 들어왔다.

이것이 바로 발전기입니다. 자기장의 방향은 왼쪽 방향입니다. 처음 닫힌 회로는 자기장의 방향과 수직이었지만 회전하면서 자기장의 방향에 대해 기울어지게 됩니다. 그러므로 자기장의 방향과 수직인 단면의 넓이는 점점 줄어들게 되지요.

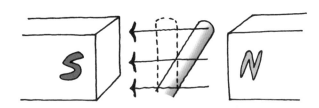

이 변화는 바로 자속의 변화를 일으킵니다. 그러므로 전자기 유도 현상에 의해 닫혀진 회로에 전류가 흐릅니다. 이렇게 닫힌 회로를 자석 사이에서 회전시키면 회로에 전류가 흐르게 됩니다. 그러니까 발전기란 어떤 방법을 이용하든 닫힌 회로를 회전시키는 장치입니다.

수력 발전은 높은 곳에서 떨어지는 물의 힘으로, 화력 발전은 석탄이나 석유를 태운 증기로 회전시키지요. 또한 풍차처럼 바람의 힘으로 닫힌 고리를 회전시켜도 전기를 얻을 수 있습니다.

정전이 되었나 봐.

어떡하지? 건전지가 없어서 손전등을 켤 수가 없는데…. 아무것도 보이지가 않네.

기다려 봐. 맥스웰 선생님의 실험 도구로 꼬마전구를 켜 볼게.

정말?

우아, 꼬마전구에 불이 켜졌어. 정말 대단하다! 어떻게 한 거야?

전자기 유도 현상과 자속의 변화를 알면 할 수 있는 일이지.

전자기 유도 현상? 자속의 변화?

자석 사이에 꼬마전구가 연결된 ㄷ자 모양의 도선을 놓고 금속 막대로 ㅁ자 모양의 닫혀진 회로를 만든 후에 금속 막대를 움직이면 전류가 흘러 불이 들어와.

정말? 그런데 자속의 변화가 뭐야?

어떤 회로에 자기장이 지나갈 때 자기장의 세기와 회로의 넓이를 곱한 것을 자속이라고 해. 아까 금속 막대를 움직였을 때도 자속이 달라진 거야.

어떤 닫힌 회로에서 자속이 달라지면 닫힌 회로에 전류가 흐르게 되는데, 이 현상을 전자기 유도라고 하지.

정말 멋있다!

나 홀로 집에

이 글은 영화 〈나 홀로 집에〉를 패러디한 저자의 창작 동화입니다.

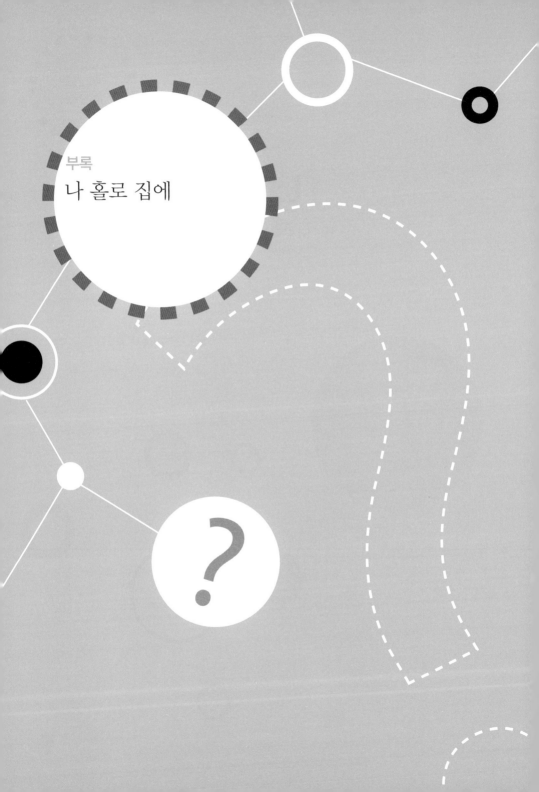

부록

나 홀로 집에

마이크는 말썽꾸러기 소년입니다.

　항상 엉뚱한 장난을 많이 치고 새로운 발명품을 만들기 위해 집 안에 있는 모든 물건들을 부수기 일쑤입니다.

　마이크는 누나 3명, 형 2명과 남동생 2명, 여동생 2명이 있는 대가족에서 살고 있습니다. 그러니까 형제자매가 모두 10명이지요. 제일 큰누나와 막내의 나이 차는 무려 25세입니다. 그러니까 막내와 어머니가 외출을 하면 사람들은 할머니와 손녀가 외출하는 것으로 생각하지요.

　마이크의 아버지는 뉴욕에 있는 제너럴 전기 회사에 근무합니다. 아버지는 회사에서 항상 새로운 전기 제품을 발명하는 일을 하고 있습니다. 한편 마이크네 식구는 엄마와 함께

로스앤젤레스에서 삽니다. 그러니까 뉴욕이 대서양에 이웃한 미국의 동쪽 끝에 있고, 로스앤젤레스가 태평양에 접하여 미국의 서쪽 끝에 있으니 서로 극과 극에서 살고 있지요.

마이크의 아버지는 항상 바쁘셔서 마이크는 아버지의 얼굴을 보기가 쉽지 않습니다. 하지만 마이크는 아버지를 존경합니다. 그리고 아버지의 작업실에서 전기에 대한 실험을 하는 것을 좋아합니다. 아버지의 실험실에는 전기에 대한 제품이라면 없는 게 없습니다.

오늘은 아침부터 분주한 날입니다. 왜냐하면 한 달 만에 아버지가 있는 뉴욕으로 온 가족이 여행을 떠나기로 했기 때문입니다.

"얘들아, 모두 차에 타거라."

엄마가 소리칩니다.

"알았어요, 엄마."

큰누나가 머리 손질을 하며 급히 내려갑니다. 어머니는 모두를 차에 태우고 공항으로 향합니다.

이런! 마이크는 아버지의 작업실에서 전기 회로를 만들고 있어서 어머니가 부르는 소리를 못 들었습니다. 워낙 아이들이 많다 보니 어머니는 모두 차에 탄 줄 알고 출발한 것입니다.

어머니의 차가 출발하는 순간 수상한 남자 두 사람이 마이크의 집을 기웃거렸습니다.

두 사람 중 키가 크고 마른 남자는 덤스라는 청년이었고, 키가 작고 뚱뚱한 남자는 더머라는 청년입니다. 두 사람은 머리가 아주 나쁜 도둑들이지요.

"이 집이 이 동네에서 제일 잘사는 집이야."

더머가 말했습니다.

"가족들이 모두 여행 간 거야? 그럼 빈집?"

덤스가 빙그레 미소를 지었습니다.

어머니는 이런 사실도 모른 채 마이크만 남겨 두고 간 것입니다. 도둑들은 마이크의 집으로 다가가 초인종을 눌렀습니다. 지하 작업실에 있던 마이크가 그 소리를 들었습니다.

"엄마가 열어 주시겠지."

마이크는 혼잣말을 하며 다시 작업에 몰두했습니다. 하지만 도둑들은 집이 비었는지 확인하기 위해 초인종을 계속 눌러 댔습니다.

"아무도 없나?"

마이크가 혼잣말을 하며 위층으로 올라갔습니다. 항상 시끌벅적하던 집이 오늘 따라 유난히 조용했습니다.

"이상하네……. 다들 어디 간 거지?"

마이크는 가족들이 뉴욕에 간 것을 모르고 있었습니다. 며칠 전 어머니가 모두에게 얘기했지만 작업에 열중하느라 잊어버렸던 거지요.

마이크는 현관으로 다가갔습니다. 그때 현관 밖에서 무슨 소리가 들려왔습니다.

"히히, 아무도 없어. 이렇게 큰 집을 비워 두고 가다니. 이 집을 터는 것은 식은 죽 먹기지."

도둑의 목소리였습니다.

마이크는 그제야 오늘 뉴욕에 가기로 했던 것이 기억났습니다. 하지만 이미 가족은 집을 떠난 뒤였습니다. 마이크는 거실로 뛰어가 모든 창의 커튼을 쳤습니다.

"저건 무슨 소리지?"

덤스가 말했습니다.

"안에 누가 있어."

더머가 초인종에서 손을 떼고 뒤로 물러서면서 말했습니다.

도둑들은 깜짝 놀라 집 밖으로 도망쳤습니다.

"집 안을 들여다봐야겠어."

덤스가 망원경으로 마이크의 집을 들여다보았습니다.

한편 집 안에 있는 마이크는 도둑을 물리칠 방법을 생각해 내기 위해 골똘히 생각에 잠겨 있었습니다.

"나 혼자 있다는 걸 알면 도둑들이 집으로 들어올 거야. 그러니까 엄마 아빠가 있는 것처럼 해야 해!"

마이크가 급하게 어디론가 뛰어갔습니다. 도둑들은 여전히 집 안을 망원경으로 관찰하고 있었습니다. 마이크는 풍선을 불어 엄마 아빠의 사진을 붙였습니다. 그리고 풍선의 뒷면을 털가죽으로 마구 문질렀습니다.

그러고는 풍선을 벽에 붙인 다음 풍선 아래에 옷걸이 두 개를 세워 놓고 엄마와 아빠의 옷을 걸고 단추를 잠갔습니다.

그러니까 멀리서 보면 엄마와 아빠가 창밖을 바라보고 있는
모습이 되는 셈이지요.

마이크는 커튼을 활짝 열었습니다.

"커튼이 열렸어! 안에 누가 있는지 봐."

더머의 말에, 덤스는 커튼 틈으로 거실을 바라보았습니다.

"엄마 아빠로 보이는 어른이 벽에 서 있고 남자아이가 한
명 있어."

"엄마가 있다고? 그럼 아까 차를 몰고 간 여자는 누구지?"

"그런데 이상한 게 있어."

"뭐가?"

"아이는 거실에서 움직이는데 엄마 아빠는 벽에 서서 꼼짝

도 안 하고 있어."

"내가 좀 보자."

더머가 망원경을 빼앗아 거실을 들여다보았습니다.

"가만, 저건 마네킹일지도 몰라. 안 그러면 저 자세로 계속 움직이지 않고 있다는 게 말이 돼?"

"그래도 좀 찜찜한걸! 일단 지금은 후퇴하고 조금 있다가 다시 오자.

도둑들이 집을 떠났습니다. 마이크는 도둑들이 떠나는 모습을 집 안에서 망원경으로 지켜보았습니다. 그리고 작업실에서 전자석 원판 2개를 마당으로 옮겨 이층집을 만들었습니다.

두 원판 전자석은 서로 같은 극으로 마주 보고 있었습니다.

그러니까 둘 사이에는 서로 밀어내는 힘이 작용하는데, 위쪽 원판의 중력과 자기력이 평형을 이루어 적당한 간격으로 벌어져 있었던 것입니다.

마이크는 전자석 원판의 1층에 맛있는 치킨 요리와 과일주스를 차려 놓고 도둑이 오기를 기다렸습니다. 잠시 후 도둑들이 마이크의 집에 왔습니다.

"저게 뭐지?"

덤스가 물었습니다.

"아까는 없었는데."

더머가 고개를 갸우뚱거렸습니다.

"가만, 저건 내가 제일 좋아하는 치킨 요리잖아!"

　덤스가 원판으로 달려가며 말했습니다. 더머도 따라갔습니다. 두 사람은 원판에 놓인 치킨의 다리를 뜯어 맛있게 먹었습니다.

　"이제 됐어. 전류의 방향을 바꿔 극을 바꾸면 두 자석이 달라붙을 거야."

　마이크는 위쪽 원판에 연결된 전류의 방향을 바꾸었습니다. 그러자 위쪽 원판과 아래쪽 원판의 마주 보는 면이 서로 다른 극이 되어 위쪽 자석과 아래쪽 자석이 달라붙었습니다. 도둑들은 두 자석 사이에 끼어 죽을 고비를 넘기고 걸음아 나 살려라 하고 도망쳤습니다.

　마이크는 도둑을 골탕 먹인 것이 아주 기뻤습니다. 하지만 도둑이 다시 올 것에 대비하여 새로운 장치를 만들기로 했습니다.

마이크는 집 마당의 수영장에 수영을 하고 있는 예쁜 미녀 마네킹을 설치했습니다. 마네킹은 마이크의 리모컨으로 작동되어 눈도 깜박이고 팔다리도 움직여 실제 사람과 분간하기 힘들 정도였습니다. 마이크는 수영장 양쪽에 2개의 전극을 꽂았습니다. 하나는 아연으로 만들었고, 다른 하나는 구리로 만들었습니다. 마이크는 수영장에 소금을 잔뜩 풀어 놓고 집 안에서 도둑들이 오기를 기다렸습니다.

잠시 후 도둑들이 마이크의 집에 다시 왔습니다.

"아니, 저 미녀는 누구지?"

덤스가 말했습니다.

마이크는 미녀 마네킹이 도둑에게 윙크를 하도록 리모컨을 작동했습니다.

"우릴 보고 윙크했어."

더머가 말했습니다.

도둑들은 수영복으로 갈아입고 수영장으로 다이빙해 들어 갔습니다.

마이크는 기다렸다는 듯이 두 전극을 연결하는 스위치를 눌렀습니다. 순간 수영장의 물속에 강한 전류가 흘러 도둑들 은 머리카락이 삐죽 서서 수영장 밖으로 도망쳤습니다.

이번에도 마이크의 승리였습니다.

하지만 두 차례의 실패에도 도둑들은 마이크의 집을 털 생

각을 포기하지 않았습니다.

"이번에는 어떻게 골탕을 먹일까?"

마이크는 곰곰이 생각했습니다.

"도둑들이 배고플 테니까 햄버거라도 선물해야겠다."

마이크는 특별한 햄버거를 만들기 시작했습니다. 마이크는 햄버거 사이에 소금물에 적신 마분지를 끼웠고 그 마분지에 도선 2개를 연결하여 축전지의 양극과 음극에 연결했습니다. 마이크는 이렇게 만든 먹음직스러운 햄버거 2개를 마당 테이블에 올려놓았습니다.

잠시 후 도둑들이 옷을 갈아입고 마이크의 집으로 다시 찾아왔습니다.

"저게 뭐지?"

덤스가 햄버거를 보고 말했습니다.

"햄버거야. 마침 배가 고팠는데 잘 됐다."

더머가 햄버거 하나를 입에 넣었습니다.

"우아! 맛있어. 조금 짭짤하긴 하지만."

덤스는 뭔가 찜찜하긴 했지만 너무 허기가 져서 남아 있는 햄버거를 입에 넣었습니다. 두 사람의 햄버거가 입으로 들어가는 순간 마이크는 이때다 하고 스위치를 올렸습니다. 그러자 햄버거 속에 들어 있는 소금물이 묻은 마분지에 강한 전류가 흘러 도둑들은 입을 벌린 채 그 자리에서 기절했습니다.

마이크는 햄버거를 맛있게 먹으면서 도둑들이 당하는 모습을 창밖으로 바라보았습니다.

"이젠 더 이상 우리 집을 넘보지 못할 거야."

마이크는 TV를 켰습니다. 일기 예보 시간이었습니다.

"잠시 후 로스앤젤레스에는 천둥 번개를 동반한 폭우가 내릴 예정입니다."

기상 캐스터의 목소리였습니다.

"가만! 도둑들이 폭우를 이용해 다시 쳐들어오면 어떡하지?"

마이크는 지하 작업실로 내려가 여러 장치를 가지고 올라왔습니다. 혹시 모를 도둑들의 공격에 대비하기 위해서였습니다.

마이크는 커다란 앰프를 거실에 설치하고 미녀가 디스코를 추는 장면을 담긴 프로그램을 대형 프로젝션 TV를 통해 틀었습니다.

마이크의 예상대로 도둑들은 다시 마이크의 집을 찾아왔습니다. 두 도둑은 거실 벽에 설치된 TV를 통해 미녀의 디스코

댄스에 넋이 나간 표정이었습니다.

마이크는 음악을 더 크게 틀었습니다. 그리고 미녀의 디스코 댄스는 점점 더 격렬해졌습니다.

화면 속의 미녀는 "함께 디스코를 배워요."라고 말하며 윙크를 했습니다.

"디스코! 재미있는 춤이야."

더머가 말했습니다.

"정말 그렇군. 손가락만 위로 뻗으면 되잖아."

덤스도 맞장구를 했습니다.

두 도둑은 마당으로 가서 미녀의 디스코를 따라 했습니다.

"찌르고~ 찌르고~ 찌르고~ 짝짝!"

두 도둑은 미녀가 가르쳐 주는 대로 따라 했습니다. 마이크는 도둑들의 어색한 동작을 보고 웃음을 참을 수 없었습니다.

잠시 후 하늘이 갑자기 어두워지기 시작했습니다. 곧 비가 쏟아질 것 같은 날씨였습니다.

"이제 됐어. 저 동작은 번개의 전기를 모으는 동작이야."

마이크는 몹시 신이 났습니다.

잠시 후 폭우가 내리더니 하늘에서 번개가 쳤습니다. 도둑들이 하늘을 향해 뻗는 팔에 전기 불꽃이 일어났습니다.

두 도둑이 공중으로 손을 뻗자 순간 강한 전기 불꽃이 일어나더니 그 자리에 쓰러졌습니다. 아마도 번개의 전기에 감전

이 되었나 봅니다.

　잠시 후 정신을 차린 도둑들은 다시 혼비백산하여 도망쳤습니다. 마이크는 다시 편하게 TV를 볼 수 있었습니다. 하지만 아직도 마이크는 불안했습니다. 가족들이 올 때까지 도둑들이 물러날 것 같아 보이지 않았기 때문입니다.

　이제 비가 그치고 날씨가 맑아졌습니다. 하지만 강풍이 몰아치기 시작했습니다. 마이크는 거실의 유리창을 모두 닫았지만 유리창이 흔들리는 소리가 요란했습니다. 안테나가 바람에 심하게 흔들리는지 TV 수신이 약해져 화면이 자주 끊겼습니다.

　도둑들은 정말 집요하게도 다시 마이크의 집에 왔습니다.

마이크는 망원경으로 도둑들의 동정을 살폈습니다. 도둑들은 2층으로 연결된 금속 줄을 타고 마이크의 집으로 침투하려고 했습니다.

마이크는 서둘러 2층으로 올라갔습니다.

"가만! 도둑들이 금속 줄을 타고 오니까 전기 충격 방법을 쓰면 되겠군."

마이크는 금속 줄에 전원을 연결하고 전원의 다른 한 극에 연결된 금속 줄로 올가미를 만들어 도둑을 향해 던졌습니다.

"도둑들은 전원과 연결되어 있으니까 스위치를 올리면 전기 충격을 받을 거야."

마이크는 전기 충격을 받아 추락할 도둑들의 모습을 상상했습니다.

"이때다!"

마이크는 전원의 스위치를 올렸습니다. 하지만 도둑들은 전혀 전기 충격을 받지 않았습니다. 마이크는 전원 장치를 들여다보았습니다. 전원 장치의 전기가 모두 방전된 상태였습니다. 마이크는 집 안의 전기를 사용하려고 했지만 강풍으로 집 안이 정전된 상태였습니다.

마이크의 위기 상황입니다. 전원이 없으면 전기를 만들 수 없고 그러면 도둑들이 2층으로 침입하는 것을 막을 방법이 없기 때문입니다. 도둑들이 점점 더 2층 창문 가까이 다가왔습니다.

그때 마이크의 머릿속에 좋은 생각이 떠올랐습니다. 그것은 강풍을 이용하는 것이었습니다. 마이크는 서둘러 바람개비를 가지고 와 옥상에 설치했습니다. 바람개비가 돌면 그것과 연결된 고리가 두 자석 사이에서 돌면서 전기를 만들어 낼 수 있다고 생각했기 때문입니다. 강풍 때문에 바람개비는 아주 빠르게 회전했습니다.

"이제 됐어. 충분한 전기를 만들었어."

마이크는 바람개비가 만드는 전기를 금속 줄에 흘려보냈습니다. 순간 도둑들의 몸에 전류가 흘러 두 도둑은 금속 줄을 놓치고 바닥에 추락했습니다.

다시 마이크의 승리였습니다. 하지만 아직도 마이크는 불안했습니다.

"엄마! 도와주세요."

마이크는 기도했습니다. 도둑과 전쟁을 치르느라 지친 마이크는 거실 소파에서 잠이 들었습니다. 몇 차례의 전기 충격을 받은 도둑들도 그날 밤은 나타나지 않았습니다.

다음 날 아침 일찍 눈을 뜬 마이크는 도둑들의 침입에 대비해 특별한 장치를 고안했습니다. 마이크는 아버지의 작업실에 들어가 초강력 자석과 금속 고리를 가지고 와서 마당에 설치했습니다.

고리가 세워져 있는 모양이 꼭 철봉 같아 보였습니다. 마이

크는 금속 고리를 전원에 연결해 언제든지 고리에 전류를 흘려보낼 수 있게 설치했습니다.

잠시 후 도둑들이 다시 마이크의 집으로 쳐들어왔습니다. 도둑들은 마이크에게 너무나 많이 당해서 화가 머리 끝까지 나 있는 상태였습니다.

"이봐, 저기 철봉이 있는데."

덤스가 말했습니다.

"내가 철봉 맨인데, 한번 매달려 볼까?"

더머가 자신 있는 표정으로 말했습니다.

도둑들이 철봉에 매달렸습니다.

"됐어. 걸려들었어."

마이크는 재빨리 전원의 스위치를 올렸습니다. 순간 철봉처럼 보이던 고리가 빙글빙글 돌기 시작했습니다.

"엄마야!"

도둑들이 비명을 질렀습니다. 마이크는 전원의 전압을 높였습니다. 그러자 금속 고리에 더 강한 전류가 흘러 더 빠르게 돌기 시작했습니다. 도둑들은 철봉에 매달려 정신없이 돌았습니다.

"한번 당해 봐라."

마이크는 전원의 스위치를 껐습니다. 순간 금속 고리가 천천히 돌기 시작하더니 어지러움에 지친 도둑들이 줄에 걸린 빨래처럼 걸쳐 있었습니다.

마이크의 또 한 번의 승리입니다.

한편 뉴욕에 도착한 마이크의 엄마는 그제야 마이크를 집에 두고 왔다는 것을 알았습니다.

"오, 불쌍한 마이크!"

엄마는 집에 혼자 남은 마이크가 걱정이 되어 다른 식구들을 아버지의 집에 보내고 다시 로스앤젤레스로 되돌아가는 비행기를 타기로 결심했습니다. 하지만 그때는 여행 성수기

인 탓에 로스앤젤레스로 가는 비행기표를 구할 수 없었습니다. 엄마는 마이크 때문에 걱정이 되어 뉴욕에서 직접 차를 몰고 로스앤젤레스로 오고 있는 중이었습니다.

드디어 엄마가 집에 도착했습니다. 마이크는 도둑과의 격전으로 지쳐 마당에 기절해 있었습니다.

"마이크! 무슨 일 있었니?"

엄마는 마이크를 끌어안고 울었습니다. 마이크는 엄마의 목소리를 듣고 눈을 떴습니다.

"엄마! 보고 싶었어요."

마이크는 엄마를 보자 와락 눈물이 쏟아져 나왔습니다.

그때 경찰차 소리가 들렸습니다. 이웃 주민들의 신고로 경찰이 출동한 것입니다. 경찰은 금속 고리에 기절해 있는 도둑에게 수갑을 채우고 경찰차에 싣고 갔습니다. 용감한 천재 소년 마이크의 이야기는 전국에 퍼졌고, 세계 물리 학회에서는 생활 전자기학상을 마이크에게 수여했습니다.

맥스웰 방정식을 발견한 맥스웰 James Clerk Maxwell, 1831~1879

   스코틀랜드에서 태어난 맥스웰은 어릴 때부터 학자로서의 능력을 보였습니다. 14세 때 타원을 일반화시키는 일을 완성했고, 그것을 에든버러의 왕실 학회에 발표하였습니다.

   맥스웰은 1847년 에든버러 대학교에 입학했고, 물리학 교수의 지도하에 수업이 끝난 후에도 실험 도구를 사용할 수 있는 허가를 받습니다. 그 덕분에 맥스웰은 저녁 시간뿐 아니라 방학 때도 실험에 몰두할 수 있었습니다.

   전기와 자기에 대한 연구를 했던 맥스웰은 전기와 자기의 수학적인 관계에 대한 '맥스웰 방정식'을 발견하게 됩니다. 이 방정식이 매우 간단하고 아름다워, 이 식을 본 볼츠만(Ludwig

Eduard Boltzmann, 1844~1906)은 "이 식을 신이 썼는가?"라며 물었다고 합니다.

1871년에 맥스웰은 케임브리지 대학의 최고 실험 물리학 교수와 캐번디시 연구소의 소장을 동시에 맡았습니다. 서로 달라 보이는 전기와 자기 두 분야를 하나의 이론으로 통합하여 물리학에서 큰 업적을 세웠습니다.

맥스웰은 전기와 자기뿐만 아니라 기체의 분자 운동에 대한 연구에서도 분자의 속도 분포 법칙을 새로이 만들어 통계 역학의 기초를 마련하기도 하였습니다.

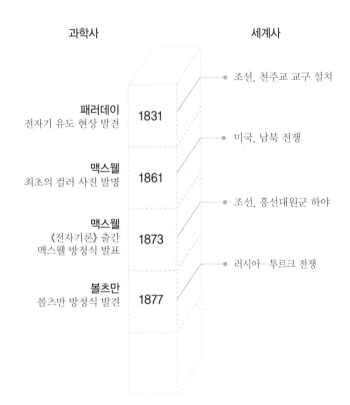

과학사		세계사
		● 조선, 천주교 교구 설치
패러데이 전자기 유도 현상 발견	**1831**	
		● 미국, 남북 전쟁
맥스웰 최초의 컬러 사진 발명	**1861**	
		● 조선, 흥선대원군 하야
맥스웰 《전자기론》 출간 맥스웰 방정식 발표	**1873**	
		● 러시아 – 투르크 전쟁
볼츠만 볼츠만 방정식 발견	**1877**	

1. 두 물체가 마찰하면 전기를 띠는데 이것을 ☐☐☐ 또는 ☐☐ ☐ ☐ 라고 합니다.

2. 전류를 흐르게 하는 능력을 ☐☐ 이라고 하며, 그 단위는 V라 쓰고 볼트라고 읽습니다.

3. 자석과 자석 또는 자석과 쇠붙이 사이에 작용하는 힘을 ☐☐☐ 이라 고 합니다.

4. 전자석의 ☐☐☐ 의 세기는 같은 길이에 도선이 많이 감길수록 커집 니다.

5. 전류가 흐르는 금속봉에 자기장을 걸어 주면 금속봉은 힘을 받는데, 이 힘을 ☐☐☐☐ 또는 ☐☐☐ ☐ 이라고 합니다.

6. 어떤 닫힌 회로에 자기장이 지나갈 때 자기장의 세기와 회로의 넓이를 곱한 것을 ☐☐ 이라고 합니다.

축전기가 결합된 새로운 전지

미국 브라운 대학의 공학자들이 금속이 아닌 플라스틱을 이용하여 전류를 발생시키는 전지를 만들어 냈습니다. 전지는 영원히 사용하지 못하고 자주 충전을 해야 하며 값이 비쌀 수 있고, 더욱이 많은 전력을 전달할 수 없습니다.

전기를 모아 두는 장치를 축전기라고 하는데, 축전기는 큰 전력을 만들어 낼 수 있습니다.

브라운 대학의 팔모어(Tayhas Palmore) 교수는 전지와 축전지의 전극을 연결하면 어떤 일이 일어날지 의문을 품었습니다.

팔모어 교수는 브라운 대학에서 박사과정을 마친 후 연구원으로 일했으며, LG화학에서 연구원으로 일하는 한국 과학자 송현곤과 함께 이 질문에 대한 답을 찾으려고 애썼습니다. 그들은 전류를 운반하는 화학 물질인 폴리피롤을 이용하여 새로운 에너지 저장 시스템으로 이 실험을 진행했습니다. 폴리피롤과 다른 종류의 전기를 통하는 고분자 물질의 발견으로는 이미 3명의 과학자가 2000년에 노벨 화학상을 받은 바 있습니다.

팔모어 교수와 송현곤 연구원은 금을 코팅한 플라스틱 막을 한 번은 폴리피롤로 덮고 또 한 번은 다른 전기를 통하는 고분자 물질로 덮어 2개의 조각을 만든 다음, 종이 막으로 분리된 플라스틱 막을 서로 붙여 전기 단락을 막았습니다.

그 결과 전지의 기능과 축전기의 기능을 동시에 갖는 소자가 만들어졌습니다. 축전기처럼 전지가 충전된 후 방전되어 전기 에너지를 내보내면서 동시에 전지처럼 전하를 오랜 시간 동안 저장하고 전달할 수 있었습니다. 이 소자의 저장 용량은 기존 축전기 저장 용량의 2배이고 소자의 전력은 알칼라인 전지 전력의 100배 이상이었습니다.

팔모어 교수는 이 소자가 현재로서는 충전을 반복했을 때 저장 용량이 줄어드는 문제 등 극복해야 할 점이 있지만, 전지 제조업자들은 이 발견으로 새로운 전지의 시대가 도래할 것이라며 큰 관심을 보이고 있습니다.

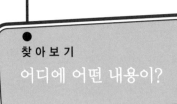

찾 아 보 기

어디에 어떤 내용이?